Tabla de contenido

Las especificaciones de par………………………………………………………. 1

Aplicar el apriete A LOS REMACHES siguientes………………………………. 2

Por Ciento de par final por cada revolución………………………… 2 - 3

La Junta Información…………………………………………………… 4

Valores de par de apriete:
      Tapones de cabeza hexagonal
      Tapones de toro………………………………………………………… 5
      Ventilador de aletas tapones…………………………………………… 5

HYDRO ensayo estático………………………………………………….. 6

Gráficos: Brida
      SERIES 150# brida………………………………………… 7
      Brida series 300#………………………………………….. 7
      Serie 600# brida………………………………………….. 8
      Serie 900# brida………………………………………….. 8
      La serie 1500# brida……………………………………… 9

Valores de par de apriete:
      A-193 GR. B7 de aleación de acero de espárragos………………………… 10 - 12
      A-193 GR. B7 7M de aleación de acero de espárragos…………………… 13 - 15
      A-193 GR. B8 de aleación de acero de clase 1 Espárragos……………… 16 - 18
      A-193 GR. B8 de aleación de acero de clase 2 Espárragos……………… 19 - 21
      A-193 GR. B-16 de aleación de acero de espárragos……………………… 22 - 24

4 tornillo patrón par……………………………………………………… 25

8 tornillo patrón par……………………………………………………… 26

Patrón de par de apriete de los pernos de 12…………………………… 27

16 Bolt Torque Pattern……………………………………………… 28

20 Bolt Torque Pattern……………………………………………… 29

24 Bolt Torque Pattern……………………………………………… 30

28 Bolt Torque Pattern……………………………………………… 31

32 Bolt Torque Pattern……………………………………………… 32

36 Bolt Torque Pattern……………………………………………… 33

40 Bolt Torque Pattern……………………………………………… 34

44 Bolt Torque Pattern……………………………………………… 35

48 Bolt Torque Pattern……………………………………………… 36

Tabla de contenidos continua

52 Bolt Torque Pattern... 37

60 Bolt Torque Pattern... 38

68 Bolt Torque Pattern... 39

76 Bolt Torque Pattern... 40

96 Bolt Torque Pattern... 41

120 tornillo patrón par.. 42

Anillo dividido 12 tornillos de cabeza flotante patrón par................... 43

16 pernos de cabeza flotante de anillo dividido patrón par.................. 44

24 pernos de cabeza flotante de anillo dividido patrón par.................. 45

28 pernos de cabeza flotante de anillo dividido patrón par.................. 46

32 pernos de cabeza flotante de anillo dividido patrón par.................. 47

36 pernos de cabeza flotante de anillo dividido patrón par.................. 48

40 pernos de cabeza flotante de anillo dividido patrón par.................. 49

48 pernos de cabeza flotante de anillo dividido patrón par.................. 50

52 pernos de cabeza flotante de anillo dividido patrón par.................. 51

64 pernos de cabeza flotante de anillo dividido patrón par.................. 52

76 pernos de cabeza flotante de anillo dividido patrón par.................. 53

Este libro es PARA DARLE REFERENCIAS DE PAR
Procedimiento y Patrones de apriete para los tornillos y remaches
En bridas, buques, reactores intercambiadores de ventiladores y de aletas.

Este libro está dedicado a la memoria de (4) de mis mejores amigos.
Y los compañeros de trabajo. Todos ellos dejaron su huella como líderes
En la industria de tuberías como PIPEFITTER fraguadores y supervisores.

OMAR "cherokee" Robinson

JOHN "DOS TORNILLOS" = Johnson

DON "papá" Jennings

MARK GRIFFITH

Usted estará en mi memoria para siempre

También DEDICADO A MI ESPOSA "CHARLOTTE M. EISENBARTH PARA ELLA
Muchas horas de paciencia mientras escribía este libro

1C

"Lo último"
Atornillado MANUAL PAR
Para procedimientos de apriete y patrones
Por PIPEFITTERS & soldadores

Primera edición 2009

R.L. "Bulldog" EISENBARTH
Propietario de BULLDOG Fabricación y consultores

Reservar Precio: $24.95

Escrito y publicado por
R.L. "Bulldog" EISENBARTH

N° de teléfono celular: (402) 326-2852

Dirección de correo electrónico: theultimatepipefitter@gmail.com

Dirección Web: theultimatepipefitter&welder.com

Acerca del Autor

El autor de este libro es el propietario de Bulldog Fabricación y

Los consultores que realiza servicios de ingeniería, consultoría,

estimación y Equipo de redacción dibujos isométricos. Él también

ha enseñado Pipefitting clases en todo el país mientras se

empleaba Por diversos contratistas.Ha trabajado en todas las

fases de la red de tuberías Industria, desde pipefitter fabricante

para ingenieros de tuberías con (44) años Experiencia en la

industria de tuberías. La mayoría de trabajos hoy en día requieren

Todos los tornillos estén apretados. Para ello necesita un par

Procedimiento y patrón de apriete.

El par de apriete de los pernos de último MANUAL FUE CREADO PARA DARLE LA

Procedimiento correcto y patrón de par de apriete para el atornillamiento de bridas, Los buques,

los reactores y los intercambiadores CON LA INFORMACIÓN EN SU Las puntas de los dedos.

También se incluyen los valores de par para tapones de Toro Y TAPONES DE VENTILADORES

CON ALETAS DE DIAGRAMAS DE PROCEDIMIENTO DE APRIETE.

Las especificaciones de par

Remaches:

Para funcionar correctamente, un FASTNER roscados (o grupo de remaches) debe
Ejercer una fuerza de sujeción para resistir las cargas aplicadas cualquiera anticipada SIN
ENTRAR Más allá del punto de rendimiento FASTNER.

Cuando las juntas de estanquidad, un perno debe:

Un   Tienen la suficiente tensión para resistir cargas internas

B   No tiene demasiada tensión POR LO QUE VA MÁS ALLÁ DEL RENDIMIENTO
       NIETHER Punto inicialmente, o durante su uso.

C   En el caso de tornillos MULTIBLE, tienen la tensión aplicada uniformemente
       Que las tensiones no alargar un perno MUCHO MÁS QUE EL
       Otros, (al menos NO MÁS ALLÁ DE LA CAPACIDAD DE LA JUNTA PARA
       COMPENSAR La diferencia en la carga).

Aprieta es el más antiguo y más utilizado MÉTODO DE CARGA INDUSTRIAL
Remaches roscados. Este libro es para ser usado como guía en el método de
Apretar. Si tiene alguna pregunta, PÓNGASE EN CONTACTO CON EL SUPERVISOR DE ZONA
Para obtener más información.

Aplicar el apriete A LOS SIGUIENTES REMACHES

Recipientes:

Un   Todos los remaches de la placa de cubierta MANWAY

B   Todos los remaches de brida en servicios de hidrocarburo

Reactores:

Un   Todos los remaches de brida

Intercambiadores:

Un   Cubierta de canal a canal

B   Canal A TUBESHEET

C   A SHELL TUBESHEET

D   SHELL PARA CUBIERTA

E   Cabezales flotantes (VER LA SECUENCIA DE APRIETE SOBRE EL ANILLO HENDIDO)

F   Todos los remaches de la brida de la tubería en servicios de hidrocarburo

Brida:

Un   Todos los remaches de brida en servicios de hidrocarburo

Por Ciento de par final por cada revolución

Nota: Apretar a mano TODOS LOS REMACHES ANTES DE APLICAR PAR

Primer paso: Cinco por ciento (5%) de la carga de par máximo, pero que no exceda Veinticinco (25) libras pie. Dichos pases se realicen utilizando Patrón de par del perno hasta apretado.

Segundo paso: El treinta por ciento (30%) de la carga de par máximo. Dichos pases Utilizando el patrón de par de perno hasta apretado.

Tercer paso: El cincuenta por ciento (50%) de la carga de par máximo. Dichos pases a Se realizó utilizando el patrón de par de perno hasta apretado.

Aplicar el apriete a los siguientes remaches (continuación)

Cuarto paso: Setenta y cinco por ciento (75%) de la carga de par máximo. Tales
Pasa a ser hechas usando el tornillo patrón de apriete hasta apretado.

Quinto paso: El CIEN POR CIENTO (100%) de la carga de par máximo. Tales
Pasa a ser hechas usando el tornillo patrón de apriete hasta apretado.

Nota:

Remaches de hasta 1" de diámetro deberán estar apretados de 70
Cinco por ciento (75%) de la carga de perno, A MENOS QUE SE INDIQUE LO CONTRARIO.
Remaches de 1 1/8" A través de 2 1/2" de diámetro se apretaron en el sesenta por ciento (60%)
de la carga de perno A MENOS QUE SE INDIQUE LO CONTRARIO. Remaches que están por
encima de 2 1/2" de diámetro son A APRETARSE AL CINCUENTA POR CIENTO (50%) de la
carga de perno, A MENOS QUE SE INDIQUE LO CONTRARIO.

El cálculo de par asume bien lubricados remaches de limpiado.
Se aplicará a la lubricación de las ROSCAS Y LA SUPERFICIE DEL RODAMIENTO
Las tuercas. Sólo fel-PRO C-670 o fel-PRO C5A se usa como lubricante,
A menos que otro sabio ESPECIFICADOS POR LAS ESPECIFICACIONES DEL CLIENTE.

Información de empaquetadura

Empaquetadura FLEXITALIC:

Juntas Flexitalic ESTÁN DISEÑADOS PARA SER USADOS SIN NINGÚN TIPO DE
El lubricante APLICADO A LA SUPERFICIE DE LA EMPAQUETADURA, POR LO TANTO, NO
LUBERICANT Será usada.

Nota:

Todos los 900# y 1500# Empaquetaduras de clase tendrá un anillo interior. Es Aceptable para
retroceder el valor de par máximo (10%) SI EL EXTERIOR Anillo comienza a distorsionar,
SIEMPRE QUE NO SEA POR EL CONTACTO CON UN ESPÁRRAGO.

Junta de tipo anillo API:

Las juntas de anillo API generalmente están hechos de un material suave que
Que de las bridas, POR LO TANTO LOS VALORES DE PAR DE APRIETE SERÁ EL MISMO
Si se tratara de cara elevada tipo bridas.

La cruz octogonal SECCIÓN TIENE UNA MAYOR EFICIENCIA DE SELLADO DE
El óvalo y sería la empaquetadura preferido. Sin embargo, sólo la
Sección transversal OVAL PUEDE SER UTILIZADO EN EL ANTIGUO tipo de fondo redondo
GROOVE. La nueva ranura inferior plana aceptará cualquier diseño
El óvalo o la cruz octogonal sección.

FRL-PRO C-670 LUBRICANTE DEBERÁ UTILIZARSE EN TODOS LOS CONJUNTOS DE ANILLO
API empaquetaduras A MENOS QUE SE ESPECIFIQUE LO CONTRARIO EN LAS
ESPECIFICACIONES DE LOS CLIENTES Y LA EMPAQUETADURA Ayudas a las superficies de
sellado y para facilitar la extracción en una fecha posterior.

Camisa de hierro tipo junta hermética:

Camisa de hierro tipo juntas son utilizados generalmente para calentar
Intercambiadores Y OTROS TIPOS DE EQUIPO QUE TIENEN EN LA MAYORÍA DE LOS CASOS,
Las superficies de la Junta especialmente labradas por motivos de estanqueidad.

Aunque se ha diseñado para ser utilizado sin ninguna preparación adicional,
GRAFOIL PUEDEN UTILIZARSE cintas sujetas a aprobación por administrativos
SUPERVISOR.

Nota:

No estás en la cinta para juntas de la brida. Si es necesario, puede utilizar
Grasa pesada PARA SUJETAR LA JUNTA EN SU LUGAR.

Valores de par para tapones de cabeza hexagonal (comúnmente llamado "Toro de precalentamiento") Todos los tapones deben ser sólidos

El tamaño del tubo:	Par:
1/2"	75**
3/4"	100**
1"	150**
1 1/2"	200**

** LAS ROSCAS deberá estar bien lubricado mediante un tubo de lubricante

** todas las roscas hembra será perseguido con grifos adecuados

** Todos los valores están en libras por pie

Valores de par para tapones de ventilador de aletas

Tamaño del tapón:	Par:
1"	150**
1 1/8"	200**
1 1/4"	250**

** LAS ROSCAS deberá estar bien lubricado con fel-PRO C-670 LUBRICANTE SALVO
Los clientes especificados por la especificación. Otros lubricantes pueden requerir un ajuste de la
Gama de par hacia arriba o hacia abajo.

** Si el enchufe no puede enroscarse completamente con la mano, entonces subprocesos será
Perseguidos mediante el buen toque. Sólo debe tocar las roscas cuando sea necesario,
Otros sabios conexiones de rosca puede ser descuidado.

** Todos los valores están en libras por pie

Prueba hidrostática

Aumento de presión:

Cuando aumenta la presión, no debe exceder el cien (100) P.S.I.

Por Minuto hasta setenta y cinco por ciento (75%) DE LA MÁXIMA PRESIÓN DE PRUEBA

A OBTENERSE. Usted debe retener en el setenta y cinco por ciento (75%) durante un mínimo de

De cinco minutos. A continuación, puede proceder a un cien por ciento (100%)

La máxima presión de prueba, no exceda de cien (100) P.S.I. Por Minuto.

Disminuir la presión:

Cuando disminuye la presión tras una prueba hidrostática, no deberías

Disminuir la presión más rápido de cien (100) P.S.I. Por Minuto.

Nota:

Manómetros calibrados son necesarios cuando se prueba hidrostática. Una descarga de presión

Es necesaria la válvula que tiene un valor máximo no exceda del cinco por ciento (5%).

A través de la presión de prueba deseada a ser obtenido.

Brida de 150 libras y junta gráfico

El TAMAÑO DEL TUBO	Tamaño de llave	Los tornillos de brida		De cara elevada			Diámetro de brida.	Conjunto de anillo	
		Cant.	DIAM.	Longitud de vástago	La junta			Longitud de vástago	Nº de anillo
					I.D.	O.D.			
1"	7/8"	4	1/2"	2 3/4"	1"	2 5/8"	4 1/4"	3 1/4"	R-15
1 1/2"	7/8"	4	1/2"	3"	1 1/2"	3 3/8"	5"	3 1/2"	R-19
2"	1 1/16"	4	5/8"	3 1/4"	2"	4 1/2"	6"	3 3/4"	R-22
3"	1 1/16"	4	5/8"	3 3/4"	3"	5 3/8"	7 1/2"	4 1/4"	R-29
4"	1 1/16"	8	5/8"	3 3/4"	4"	6 7/8"	9"	4 1/4"	R-36
6"	1 1/4"	8	3/4"	4"	6"	8 3/4"	11"	4 1/2"	R-43
8"	1 1/4"	8	3/4"	4 1/4"	8"	11"	13 1/2"	4 3/4"	R-48
10"	1 7/16"	12	7/8"	4 3/4"	10"	13 3/8"	16"	5 1/4"	R-52
12"	1 7/16"	12	7/8"	4 3/4"	12"	16 1/8"	19"	5 1/4"	R-56
14"	1 5/8"	12	1"	5 1/4"	13 1/4"	17 3/4"	21"	5 3/4"	R-59
16"	1 5/8"	16	1"	5 1/2"	15 1/4"	20 1/4"	23 1/2"	6"	R-64
18"	1 13/16"	16	1 1/8"	6"	17 1/4"	21 5/8"	25"	6 1/2"	R-68
20"	1 13/16"	20	1 1/8"	6 1/4"	19 1/4"	23 7/8"	27 1/2"	6 3/4"	R-72
24"	2"	20	1 1/4"	7"	23 1/4"	28 1/4"	32"	7 1/2"	R-76

300 libras y junta de brida gráfico

El TAMAÑO DEL TUBO	Tamaño de llave	Los tornillos de brida		De cara elevada			Diámetro de brida.	Conjunto de anillo	
		Cant.	DIAM.	Longitud de vástago	La junta			Longitud de vástago	Nº de anillo
					I.D.	O.D.			
1"	1 1/16"	4	5/8"	3 1/4"	1"	2 7/8"	4 7/8"	3 3/4"	R-16
1 1/2"	1 1/4"	4	3/4"	3 3/4"	1 1/2"	3 3/4"	6 1/8"	4 1/4"	R-20
2"	1 1/16"	8	5/8"	3 1/2"	2"	4 3/8"	6 1/2"	4 1/4"	R-23
3"	1 1/4"	8	3/4"	4 1/4"	3"	5 7/8"	8 1/4"	5"	R-31
4"	1 1/4"	8	3/4"	4 1/2"	4"	7 1/8"	10"	5 1/4"	R-37
6"	1 1/4"	12	3/4"	5"	6"	9 7/8"	12 1/2"	5 3/4"	R-45
8"	1 7/16"	12	7/8"	5 1/2"	8"	12 1/8"	15"	6 1/4"	R-49
10"	1 5/8"	16	1"	6 1/4"	10"	14 1/4"	17 1/2"	7"	R-53
12"	1 13/16"	16	1 1/8"	6 3/4"	12"	16 5/8"	20 1/2"	7 1/2"	R-57
14"	1 13/16"	20	1 1/8"	7"	13 1/4"	19 1/8"	23"	7 3/4"	R-61
16"	2"	20	1 1/4"	7 1/2"	15 1/4"	21 1/4"	25 1/2"	8 1/4"	R-65
18"	2"	24	1 1/4"	7 3/4"	17"	25 1/2"	28"	8 1/2"	R-69
20"	2"	24	1 1/4"	8 1/4"	19"	25 3/4"	30 1/2"	9"	R-73
24"	2 3/8"	24	1 1/2"	9 1/4"	23"	30 1/2"	36"	10 1/4"	R-77

600 libras y junta de brida gráfico

El TAMAÑO DEL TUBO	Tamaño de llave	Los tornillos de brida		De cara elevada			Diámetro de brida.	Conjunto de anillo	
		Cant.	DIAM.	Longitud de vástago	La junta I.D.	La junta O.D.		Longitud de vástago	Nº de anillo
1"	1 1/16"	4	5/8"	3 3/4"	1 5/16"	2 7/8"	4 7/8"	3 3/4"	R-16
1 1/2"	1 1/4"	4	3/4"	4 1/4"	1 15/16"	3 3/4"	6 1/8"	4 1/4"	R-20
2"	1 1/16"	8	5/8"	4 1/4"	2"	4 3/8"	6 1/2"	4 1/2"	R-23
3"	1 1/4"	8	3/4"	5"	3"	5 7/8"	8 1/4"	5 1/4"	R-31
4"	1 7/16"	8	7/8"	5 3/4"	4"	7 5/8"	10 3/4"	6"	R-37
6"	1 5/8"	12	1"	6 3/4"	6"	10 1/2"	14"	7"	R-45
8"	1 13/16"	12	1 1/8"	7 3/4"	7 7/8"	12 5/8"	16 1/2"	7 3/8"	R-49
10"	2"	16	1 1/4"	8 1/2"	9 3/4"	15 3/4"	20"	8 3/4"	R-53
12"	2"	20	1 1/4"	8 3/4"	11 3/4"	18"	22"	9"	R-57
14"	2 3/16"	20	1 3/8"	9 1/4"	12 7/8"	19 3/8"	23 3/4"	9 1/2"	R-61
16"	2 3/8"	20	1 1/2"	10"	14 3/4"	22 1/4"	27"	10 1/4"	R-65
18"	2 9/16"	20	1 5/8"	10 3/4"	16 1/2"	24 1/8"	29 1/4"	11"	R-69
20"	2 9/16"	24	1 5/8"	11 1/2"	18 1/4"	26 7/8"	32"	11 3/4"	R-73
24"	2 15/16"	24	1 7/8"	13"	22"	31 1/8"	37"	13 1/2"	R-77

Brida de 900 libras y junta gráfico

El TAMAÑO DEL TUBO	Tamaño de llave	Los tornillos de brida		De cara elevada			Diámetro de brida.	Conjunto de anillo	
		Cant.	DIAM.	Longitud de vástago	La junta I.D.	La junta O.D.		Longitud de vástago	Nº de anillo
1"	1 7/16"	4	7/8"	5"	1 5/16"	3 1/8"	5 7/8"	5"	R-16
1 1/2"	1 5/8"	4	1"	5 1/2"	1 15/16"	3 7/8"	7"	5 1/2"	R-20
2"	1 7/16"	8	7/8"	5 3/4"	2"	5 5/8"	8 1/2"	6"	R-24
3"	1 7/16"	8	7/8"	5 3/4"	3"	6 5/8"	9 1/2"	6"	R-31
4"	1 13/16"	8	1 1/8"	6 3/4"	4"	8 1/8"	11 1/2"	7"	R-37
6"	1 13/16"	12	1 1/8"	7 3/4"	6"	11 3/8"	15"	7 3/4"	R-45
8"	2 3/16"	12	1 3/8"	8 3/4"	7 1/8"	14 1/8"	18 1/2"	9"	R-49
10"	2 3/16"	16	1 3/8"	9 1/4"	9 3/4"	17 1/8"	21 1/2"	9 1/2"	R-53
12"	2 3/16"	20	1 3/8"	10"	11 3/4"	19 5/8"	24"	10 1/4"	R-57
14"	2 3/8"	20	1 1/2"	10 3/4"	12 7/8"	20 1/2"	25 1/4"	11 1/4"	R-62
16"	2 9/16"	20	1 5/8"	11 1/4"	14 3/4"	22 5/8"	27 3/4"	11 3/4"	R-66
18"	2 15/16"	20	1 7/8"	13"	16 1/2"	25 1/8"	31"	13 1/2"	R-70
20"	3 1/8"	20	2"	13 3/4"	18 1/4"	27 1/2"	33 3/4"	14 1/4"	R-74
24"	3 7/8"	20	2 1/2"	17 1/4"	22"	33"	41"	18"	R-78

Libra 1500 Gráfico y junta de brida

El TAMAÑO DEL TUBO	Tamaño de llave	Los tornillos de brida		De cara elevada			Diámetro de brida.	Conjunto de anillo	
		Cant.	DIAM.	Longitud de vástago	La junta			Longitud de vástago	Nº de anillo
					I.D.	O.D.			
1"	1 7/16"	4	7/8"	5"	1 5/16"	3 1/8"	5 7/8"	5"	R-16
1 1/2"	1 5/8"	4	1"	5 1/2"	1 15/16"	3 7/8"	7"	5 1/2"	R-20
2"	1 7/16"	8	7/8"	5 3/4"	2 3/8"	5 5/8"	8 1/2"	6"	R-24
3"	1 13/16"	8	1 1/8"	7"	3 5/8"	6 7/8"	10 1/2"	7 1/4"	R-35
4"	2"	8	1 1/4"	7 3/4"	4 5/8"	8 1/4"	12 1/4"	8"	R-39
6"	2 3/16"	12	1 3/8"	10 1/4"	6 3/4"	11 1/8"	15 1/2"	10 1/2"	R-46
8"	2 9/16"	12	1 5/8"	11 1/2"	8 1/2"	13 7/8"	19"	12"	R-50
10"	2 15/16"	12	1 7/8"	13 1/2"	10 5/8"	17 1/8"	23"	13 3/4"	R-54
12"	3 1/8"	16	2"	15"	12 3/4"	20 1/2"	28 1/2"	15 1/2"	R-58
14"	3 1/2"	16	2 1/4"	16 1/4"	14"	22 3/4"	29 1/2"	17"	R-63
16"	3 7/8"	16	2 1/2"	17 3/4"	16"	25 1/4"	32 1/2"	18 3/4"	R-67
18"	4 1/4"	16	2 3/4"	19 1/2"	18"	27 3/4"	36"	20 1/2"	R-71
20"	4 5/8"	16	3"	21 1/4"	20"	29 3/4"	38 3/4"	22 1/2"	R-75
24"	5 3/8"	16	3 1/2"	24 1/4"	24"	35 1/2"	46"	25 3/4"	R-79

Acero al carbono B-7 STUD VALORES DE PAR
Los datos que se utilizan con un GR-193._B-7 espárragos de aleación de acero

Todos los valores de par de apriete son en libras por pie

Tamaño de perno	Hilos POR PULGADA	Porcentaje de carga de perno	Primer paso	Segundo paso	Tercer paso	Cuarto paso	Quinto paso
1/2"	13	50%	2	12	20	30	40
1/2"	13	60%	2	15	25	35	50
1/2"	13	75%	3	20	30	45	60
5/8"	11	50%	5	25	40	60	80
5/8"	11	60%	5	30	50	70	95
5/8"	11	75%	6	35	60	90	120
3/4"	10	50%	7	45	70	105	145
3/4"	10	60%	9	50	85	130	170
3/4"	10	75%	10	65	105	160	215
7/8"	9	50%	10	70	115	170	230
7/8"	9	60%	15	85	140	205	275
7/8"	9	75%	15	105	175	260	345
1"	8	50%	15	105	175	260	345
1"	8	60%	20	125	205	310	415
1"	8	75%	25	155	259	389	520
1 1/8"	8	50%	25	150	255	380	500
1 1/8"	8	60%	30	180	305	455	600
1 1/8"	8	75%	40	230	380	570	780
1 1/4"	8	50%	35	215	355	535	710
1 1/4"	8	60%	45	255	425	640	855
1 1/4"	8	75%	50	320	535	800	1070

Acero al carbono B-7 STUD VALORES DE PAR
Los datos que se utilizan con un GR-193._B-7 espárragos de aleación de acero

Todos los valores de par de apriete son en libras por pie

Tamaño de perno	Hilos POR PULGADA	Porcentaje de carga de perno	Primer paso	Segundo paso	Tercer paso	Cuarto paso	Quinto paso
1 3/8"	8	50%	50	290	480	725	965
1 3/8"	8	60%	55	345	580	870	1155
1 3/8"	8	75%	75	435	725	1090	1450
1 1/2"	8	50%	65	380	635	955	1275
1 1/2"	8	60%	75	455	765	1145	1525
1 1/2"	8	75%	95	575	960	1435	1915
1 5/8"	8	50%	80	490	820	1230	1640
1 5/8"	8	60%	100	590	985	1475	1970
1 5/8"	8	75%	120	740	1235	1850	2470
1 3/4"	8	50%	105	620	1035	1555	2070
1 3/4"	8	60%	125	745	1240	1865	2485
1 3/4"	8	75%	156	935	1580	2340	3120
1 7/8"	8	50%	130	770	1285	1930	2575
1 7/8"	8	60%	155	925	1545	2315	3090
1 7/8"	8	75%	194	1160	1935	2905	3875
2"	8	50%	180	945	1575	2385	3150
2"	8	60%	190	1135	1890	2835	3782
2"	8	75%	235	1425	2370	3555	4740
2 1/4"	8	50%	230	1365	2275	3415	4550
2 1/4"	8	60%	275	1640	2730	4100	5465
2 1/4"	8	75%	343	2055	3425	5140	6850

Acero al carbono B-7 STUD VALORES DE PAR
Los datos que se utilizan con un GR-193._B-7 espárragos de aleación de acero

Todos los valores de par de apriete son en libras por pie

Tamaño de perno	Hilos POR PULGADA	Porcentaje de carga de perno	Primer paso	Segundo paso	Tercer paso	Cuarto paso	Quinto paso
2 3/8"	8	50%	270	1615	2695	4040	5385
2 3/8"	8	60%	325	1940	3230	4850	6465
2 3/8"	8	75%	405	2430	4050	6080	8105
2 1/2"	8	50%	315	1895	3160	4737	6315
2 1/2"	8	60%	380	2275	3790	5685	7580
2 1/2"	8	75%	475	2850	4750	7130	8505
2 5/8"	8	50%	330	1995	3325	4985	6650
2 5/8"	8	60%	400	2395	3990	5985	7925
2 5/8"	8	75%	500	2990	4985	7480	9970
2 3/4"	8	50%	385	2300	3840	5760	7675
2 3/4"	8	60%	460	2785	4605	6910	9215
2 3/4"	8	75%	575	3455	5760	8635	11515
2 7/8"	8	50%	440	2640	4405	6605	8810
2 7/8"	8	60%	530	3170	5285	7925	10570
2 7/8"	8	75%	660	3965	6605	9910	13210
3"	8	50%	500	3015	5020	7535	10045
3"	8	60%	605	3615	6025	9040	12055
3"	8	75%	755	4520	7535	11300	15065

Tratamiento térmico/CROMO MOLY PARA ALTA TEMP SERVICIO B-7M el perno prisionero el valor del par de apriete

Los datos que se utilizan con un GR-193._B-7M espárragos de aleación de acero

Todos los valores de par de apriete son en libras por pie

Tamaño de perno	Hilos POR PULGADA	Porcentaje de carga de perno	Primer paso	Segundo paso	Tercer paso	Cuarto paso	Quinto paso
1/2"	13	50%	2	10	15	25	30
1/2"	13	60%	2	10	20	30	40
1/2"	13	75%	2	15	25	35	45
5/8"	11	50%	3	20	30	45	60
5/8"	11	60%	4	20	35	55	75
5/8"	11	75%	5	30	45	70	90
3/4"	10	50%	5	35	55	80	110
3/4"	10	60%	7	40	65	100	130
3/4"	10	75%	8	50	80	120	165
7/8"	9	50%	10	55	90	130	175
7/8"	9	60%	10	65	105	160	210
7/8"	9	75%	15	80	130	195	265
1"	8	50%	15	80	130	195	260
1"	8	60%	15	95	155	235	315
1"	8	75%	20	120	195	295	395
1 1/8"	8	50%	20	115	195	290	385
1 1/8"	8	60%	25	140	230	345	460
1 1/8"	8	75%	30	175	290	435	580
1 1/4"	8	50%	25	160	270	405	540
1 1/4"	8	60%	30	195	325	485	650
1 1/4"	8	75%	40	245	405	610	810

Tratamiento térmico/CROMO MOLY PARA ALTA TEMP SERVICIO B-7M el perno prisionero el valor del par de apriete

Los datos que se utilizan con un GR-193._B-7M espárragos de aleación de acero

Todos los valores de par de apriete son en libras por pie

Tamaño de perno	Hilos POR PULGADA	Porcentaje de carga de perno	Primer paso	Segundo paso	Tercer paso	Cuarto paso	Quinto paso
1 3/8"	8	50%	35	220	365	550	735
1 3/8"	8	60%	45	265	440	660	880
1 3/8"	8	75%	55	330	550	825	1100
1 1/2"	8	50%	50	290	485	725	970
1 1/2"	8	60%	60	350	580	875	1185
1 1/2"	8	75%	75	435	725	1090	1455
1 5/8"	8	50%	60	375	625	935	1250
1 5/8"	8	60%	75	450	750	1125	1500
1 5/8"	8	75%	95	560	935	1405	1875
1 3/4"	8	50%	80	475	790	1185	1580
1 3/4"	8	60%	95	570	945	1420	1895
1 3/4"	8	75%	120	710	1185	1775	2370
1 7/8"	8	50%	100	590	980	1470	1960
1 7/8"	8	60%	120	705	1175	1765	2355
1 7/8"	8	75%	145	885	1470	2205	2940
2"	8	50%	120	720	1200	1800	2400
2"	8	60%	145	865	1440	2160	2880
2"	8	75%	180	1080	1800	2700	3600
2 1/4"	8	50%	175	1040	1735	2600	3470
2 1/4"	8	60%	210	1250	2080	3120	4160
2 1/4"	8	75%	260	1560	2600	3900	5205

Tratamiento térmico/CROMO MOLY PARA ALTA TEMP SERVICIO B-7M el perno prisionero el valor del par de apriete

Los datos que se utilizan con un GR-193._B-7M espárragos de aleación de acero

Todos los valores de par de apriete son en libras por pie

Tamaño de perno	Hilos POR PULGADA	Porcentaje de carga de perno	Primer paso	Segundo paso	Tercer paso	Cuarto paso	Quinto paso
2 3/8"	8	50%	205	1230	2050	3080	4105
2 3/8"	8	60%	245	1475	2460	3695	4925
2 3/8"	8	75%	310	1845	3080	4615	6155
2 1/2"	8	50%	240	1445	2405	3610	4810
2 1/2"	8	60%	290	1730	2885	4330	5775
2 1/2"	8	75%	360	2165	3610	5415	7220
2 5/8"	8	50%	280	1680	2800	4200	5600
2 5/8"	8	60%	335	2015	3360	5040	6720
2 5/8"	8	75%	420	2520	4200	6300	8395
2 3/4"	8	50%	325	1940	3230	4850	6485
2 3/4"	8	60%	390	2325	3880	5820	7760
2 3/4"	8	75%	485	2910	4850	7275	9695
2 7/8"	8	50%	370	2225	3710	5565	7415
2 7/8"	8	60%	445	2670	4450	6675	8900
2 7/8"	8	75%	555	3340	5565	8345	11125
3"	8	50%	425	2535	4230	6345	8460
3"	8	60%	505	3045	5075	7610	10150
3"	8	75%	635	3805	6345	9515	12685

Acero inoxidable B-8 Clase 1 Valores de par de apriete de pernos de aleación de acero

Los datos que se utilizan con un GR-193._B-8 Clase 1 espárragos de aleación de acero

Todos los valores de par de apriete son en libras por pie

Tamaño de perno	Hilos POR PULGADA	Porcentaje de carga de perno	Primer paso	Segundo paso	Tercer paso	Cuarto paso	Quinto paso
1/2"	13	50%	1	3	6	9	12
1/2"	13	60%	1	4	7	10	14
1/2"	13	75%	1	5	9	13	17
5/8"	11	50%	1	7	11	17	23
5/8"	11	60%	1	8	14	21	28
5/8"	11	75%	2	10	17	26	34
3/4"	10	50%	2	12	20	31	41
3/4"	10	60%	2	15	24	37	49
3/4"	10	75%	3	18	31	46	60
7/8"	9	50%	3	20	33	49	65
7/8"	9	60%	4	24	39	60	80
7/8"	9	75%	5	30	50	75	100
1"	8	50%	5	30	50	75	100
1"	8	60%	6	35	60	90	120
1"	8	75%	7	44	75	110	150
1 1/8"	8	50%	7	43	70	105	145
1 1/8"	8	60%	9	50	85	130	175
1 1/8"	8	75%	11	65	110	165	215
1 1/4"	8	50%	10	60	100	150	205
1 1/4"	8	60%	12	75	120	185	245
1 1/4"	8	75%	15	90	150	230	305

Acero inoxidable B-8 Clase 1 Valores de par de apriete de pernos de aleación de acero
Los datos que se utilizan con un GR-193._B-8 Clase 1 espárragos de aleación de acero

Todos los valores de par de apriete son en libras por pie

Tamaño de perno	Hilos POR PULGADA	Porcentaje de carga de perno	Primer paso	Segundo paso	Tercer paso	Cuarto paso	Quinto paso
1 3/8"	8	50%	14	85	140	205	275
1 3/8"	8	60%	17	100	165	250	330
1 3/8"	8	75%	21	125	205	310	415
1 1/2"	8	50%	18	110	180	275	265
1 1/2"	8	60%	22	130	220	325	435
1 1/2"	8	75%	27	165	275	410	545
1 5/8"	8	50%	23	140	235	350	470
1 5/8"	8	60%	28	170	280	420	560
1 5/8"	8	75%	35	210	350	525	705
1 3/4"	8	50%	30	180	295	445	590
1 3/4"	8	60%	36	215	355	535	710
1 3/4"	8	75%	44	265	445	665	890
1 7/8"	8	50%	37	220	370	550	735
1 7/8"	8	60%	44	265	440	660	885
1 7/8"	8	75%	55	330	550	825	1105
2"	8	50%	45	270	450	675	900
2"	8	60%	55	325	540	810	1080
2"	8	75%	70	405	675	1015	1350
2 1/4"	8	50%	65	390	650	975	1300
2 1/4"	8	60%	80	470	780	1170	1560
2 1/4"	8	75%	100	585	955	1465	1950

Acero inoxidable B-8 Clase 1 Valores de par de apriete de pernos de aleación de acero

Los datos que se utilizan con un GR-193._B-8 Clase 1 espárragos de aleación de acero

Todos los valores de par de apriete son en libras por pie

Tamaño de perno	Hilos POR PULGADA	Porcentaje de carga de perno	Primer paso	Segundo paso	Tercer paso	Cuarto paso	Quinto paso
2 3/8"	8	50%	75	460	770	1155	1540
2 3/8"	8	60%	90	555	925	1385	1845
2 3/8"	8	75%	115	695	1155	1730	2310
2 1/2"	8	50%	90	540	900	1355	1805
2 1/2"	8	60%	110	650	1085	1625	2165
2 1/2"	8	75%	135	810	1355	2030	2705
2 5/8"	8	50%	105	630	1050	1575	2100
2 5/8"	8	60%	125	755	1260	1890	2520
2 5/8"	8	75%	155	945	1575	2360	3150
2 3/4"	8	50%	120	725	1210	1820	2425
2 3/4"	8	60%	145	875	1455	2180	2910
2 3/4"	8	75%	180	1090	1820	2725	3635
2 7/8"	8	50%	140	835	1390	2085	2780
2 7/8"	8	60%	165	1000	1670	2505	3340
2 7/8"	8	75%	210	1250	2085	3130	4170
3"	8	50%	160	950	1585	2380	3170
3"	8	60%	190	1140	1905	2855	3805
3"	8	75%	240	1425	2380	3570	4760

Acero inoxidable de alta resistencia B-8 Clase 2 Valores de par de apriete de pernos de aleación de acero

Los datos que se utilizan con un GR-193._B-8 Clase 2 espárragos de aleación de acero

Todos los valores de par de apriete son en libras por pie

Tamaño de perno	Hilos POR PULGADA	Porcentaje de carga de perno	Primer paso	Segundo paso	Tercer paso	Cuarto paso	Quinto paso
1/2"	13	50%	2	9	15	23	31
1/2"	13	60%	2	11	18	28	37
1/2"	13	75%	2	14	23	35	46
5/8"	11	50%	3	18	31	46	60
5/8"	11	60%	4	22	37	55	75
5/8"	11	75%	5	28	46	70	90
3/4"	10	50%	5	33	55	80	110
3/4"	10	60%	7	39	65	100	130
3/4"	10	75%	8	50	80	120	165
7/8"	9	50%	9	55	90	130	175
7/8"	9	60%	11	65	105	160	210
7/8"	9	75%	13	80	130	195	265
1"	8	50%	13	80	130	195	265
1"	8	60%	16	95	155	235	315
1"	8	75%	20	120	195	295	395
1 1/8"	8	50%	15	95	155	235	315
1 1/8"	8	60%	20	115	190	280	375
1 1/8"	8	75%	25	140	235	350	470
1 1/4"	8	50%	20	135	220	330	440
1 1/4"	8	60%	25	160	285	395	530
1 1/4"	8	75%	35	200	330	490	660

Acero inoxidable de alta resistencia B-8 Clase 2 Valores de par de apriete de pernos de aleación de acero
Los datos que se utilizan con un GR-193._B-8 Clase 2 espárragos de aleación de acero

Todos los valores de par de apriete son en libras por pie

Tamaño de perno	Hilos POR PULGADA	Porcentaje de carga de perno	Primer paso	Segundo paso	Tercer paso	Cuarto paso	Quinto paso
1 3/8"	8	50%	25	140	230	345	460
1 3/8"	8	60%	30	165	275	415	550
1 3/8"	8	75%	35	205	345	515	690
1 1/2"	8	50%	30	180	305	455	605
1 1/2"	8	60%	35	220	365	545	725
1 1/2"	8	75%	45	275	455	680	910
1 5/8"	8	50%	40	235	390	585	780
1 5/8"	8	60%	45	280	470	705	935
1 5/8"	8	75%	60	350	585	880	1170
1 3/4"	8	50%	50	295	495	740	985
1 3/4"	8	60%	60	355	590	890	1185
1 3/4"	8	75%	75	445	740	1110	1480
1 7/8"	8	50%	60	370	615	920	1225
1 7/8"	8	60%	75	440	735	1105	1470
1 7/8"	8	75%	90	550	920	1380	1840
2"	8	50%	75	450	750	1125	1500
2"	8	60%	90	540	900	1350	1800
2"	8	75%	115	675	1125	1690	2250
2 1/4"	8	50%	110	650	1085	1625	2170
2 1/4"	8	60%	130	780	1300	1950	2600
2 1/4"	8	75%	165	975	1625	2440	3550

Acero inoxidable de alta resistencia B-8 Clase 2 Valores de par de apriete de pernos de aleación de acero
Los datos que se utilizan con un GR-193._B-8 Clase 2 espárragos de aleación de acero

Todos los valores de par de apriete son en libras por pie

Tamaño de perno	Hilos POR PULGADA	Porcentaje de carga de perno	Primer paso	Segundo paso	Tercer paso	Cuarto paso	Quinto paso
2 3/8"	8	50%	130	770	1280	1925	2565
2 3/8"	8	60%	155	925	1540	2310	3080
2 3/8"	8	75%	190	1155	1925	2885	3845
2 1/2"	8	50%	150	900	1505	2255	3010
2 1/2"	8	60%	180	1085	1805	2705	3610
2 1/2"	8	75%	225	1355	2255	3385	4510
2 5/8"	8	50%	175	1050	1750	2625	3500
2 5/8"	8	60%	210	1260	2100	3150	4200
2 5/8"	8	75%	260	1575	2625	3935	5250
2 3/4"	8	50%	200	1210	2020	3030	4040
2 3/4"	8	60%	240	1455	2425	3635	4850
2 3/4"	8	75%	305	1820	3030	4545	6060
2 7/8"	8	50%	230	1390	2320	3475	4635
2 7/8"	8	60%	280	1670	2780	4170	5565
2 7/8"	8	75%	350	2085	3475	5215	6955
3"	8	50%	265	1585	2645	3985	5285
3"	8	60%	315	1905	3170	4760	6345
3"	8	75%	395	2380	3965	5945	7930

Tratamiento Térmico / cromo vanadio molibdeno / Valores de par de apriete del espárrago de aleación de acero

Los datos que se utilizan con un GR-193._B-16 espárragos de aleación de acero

Todos los valores de par de apriete son en libras por pie

Tamaño de perno	Hilos POR PULGADA	Porcentaje de carga de perno	Primer paso	Segundo paso	Tercer paso	Cuarto paso	Quinto paso
1/2"	13	50%	2	10	20	30	40
1/2"	13	60%	2	15	25	35	50
1/2"	13	75%	3	20	30	45	60
5/8"	11	50%	4	25	40	60	80
5/8"	11	60%	5	30	50	70	95
5/8"	11	75%	6	35	60	90	120
3/4"	10	50%	7	45	70	105	145
3/4"	10	60%	9	50	85	130	170
3/4"	10	75%	11	65	105	160	215
7/8"	9	50%	11	70	115	170	230
7/8"	9	60%	14	85	140	205	275
7/8"	9	75%	15	105	175	260	345
1"	8	50%	15	105	170	260	345
1"	8	60%	20	125	205	310	415
1"	8	75%	25	155	260	390	520
1 1/8"	8	50%	25	150	255	380	505
1 1/8"	8	60%	30	180	305	455	.605
1 1/8"	8	75%	40	230	380	570	760
1 1/4"	8	50%	35	215	355	535	710
1 1/4"	8	60%	45	255	425	640	855
1 1/4"	8	75%	55	320	535	800	1070

Tratamiento Térmico / cromo vanadio molibdeno / Valores de par de apriete del espárrago de aleación de acero

Los datos que se utilizan con un GR-193._B-16 espárragos de aleación de acero

Todos los valores de par de apriete son en libras por pie

Tamaño de perno	Hilos POR PULGADA	Porcentaje de carga de perno	Primer paso	Segundo paso	Tercer paso	Cuarto paso	Quinto paso
1 3/8"	8	50%	50	290	480	725	965
1 3/8"	8	60%	60	345	580	870	1160
1 3/8"	8	75%	75	435	725	1090	1450
1 1/2"	8	50%	65	380	635	955	1275
1 1/2"	8	60%	75	460	765	1145	1525
1 1/2"	8	75%	95	575	980	1435	1915
1 5/8"	8	50%	80	490	820	1230	1640
1 5/8"	8	60%	100	590	985	1475	1970
1 5/8"	8	75%	125	740	1235	1850	2470
1 3/4"	8	50%	105	620	1035	1555	2070
1 3/4"	8	60%	125	745	1245	1885	2485
1 3/4"	8	75%	155	935	1560	2340	3120
1 7/8"	8	50%	130	770	1285	1930	2575
1 7/8"	8	60%	155	925	1545	2315	3090
1 7/8"	8	75%	195	1160	1935	2905	3874
2"	8	50%	160	945	1575	2365	3150
2"	8	60%	190	1135	1890	2835	3780
2"	8	75%	235	1425	2370	3555	4740
2 1/4"	8	50%	230	1365	2275	3415	4550
2 1/4"	8	60%	275	1640	2730	4095	5465
2 1/4"	8	75%	345	2055	3425	5140	6850

Tratamiento Térmico / cromo vanadio molibdeno / Valores de par de apriete del espárrago de aleación de acero

Los datos que se utilizan con un GR-193._B-16 espárragos de aleación de acero

Todos los valores de par de apriete son en libras por pie

Tamaño de perno	Hilos POR PULGADA	Porcentaje de carga de perno	Primer paso	Segundo paso	Tercer paso	Cuarto paso	Quinto paso
2 3/8"	8	50%	270	1615	2695	4040	5385
2 3/8"	8	60%	325	1940	3230	4850	6465
2 3/8"	8	75%	405	2430	4052	6080	8105
2 1/2"	8	50%	315	1895	3160	4735	6315
2 1/2"	8	60%	380	2275	3790	5885	7580
2 1/2"	8	75%	475	2850	4750	7130	9505
2 5/8"	8	50%	330	1995	3325	4985	6650
2 5/8"	8	60%	400	2395	3990	5985	7975
2 5/8"	8	75%	500	2990	4985	7480	9970
2 3/4"	8	50%	385	2305	3840	5760	7675
2 3/4"	8	60%	460	2765	4605	6910	9215
2 3/4"	8	75%	575	3455	5760	8635	11515
2 7/8"	8	50%	440	2640	4405	6605	8810
2 7/8"	8	60%	530	3170	5285	7925	10570
2 7/8"	8	75%	660	3965	6605	9910	13212
3"	8	50%	500	3015	5022	7535	10045
3"	8	60%	605	3615	6025	9040	12055
3"	8	75%	755	4520	7535	11300	15065

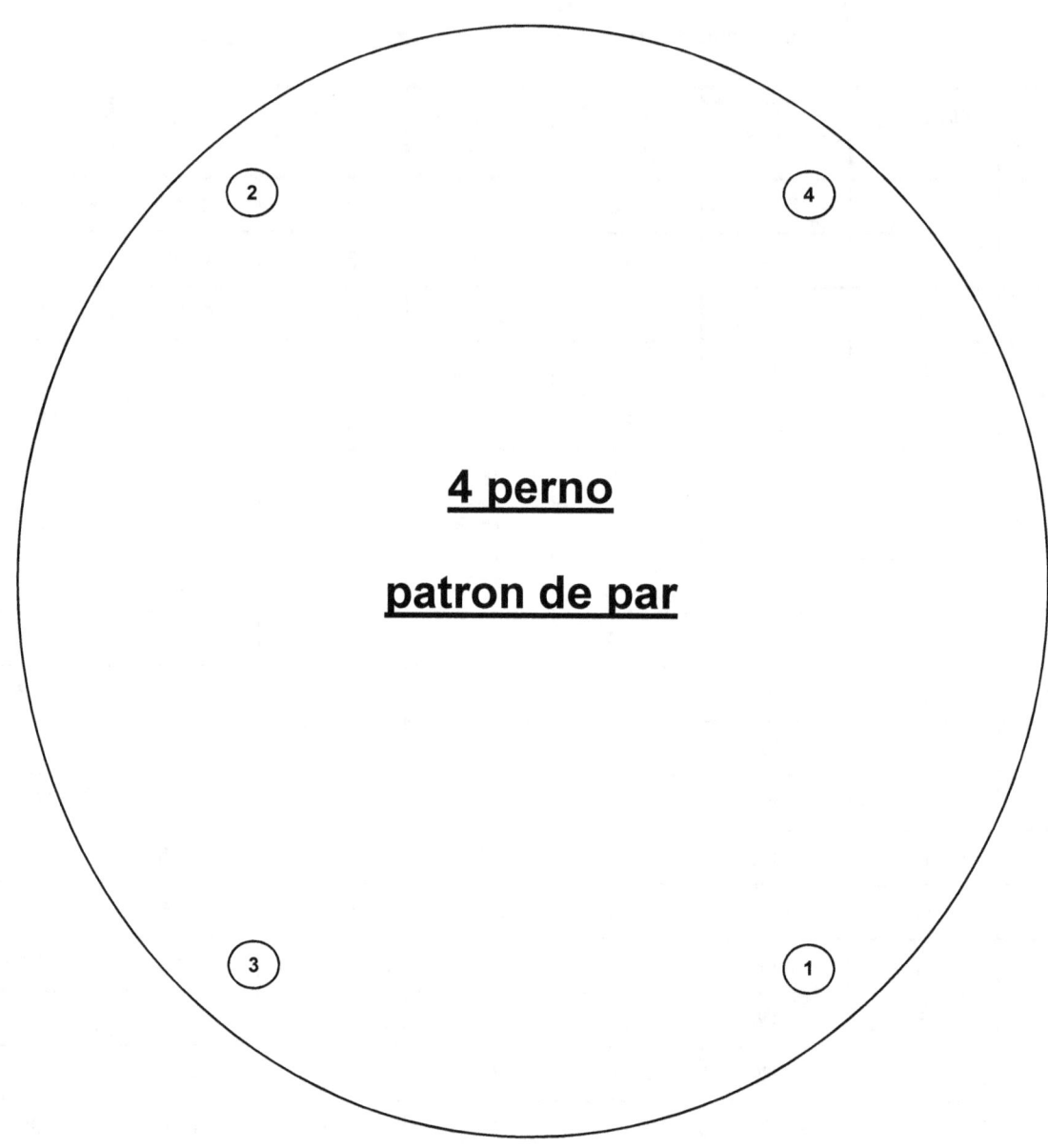

4 perno

patron de par

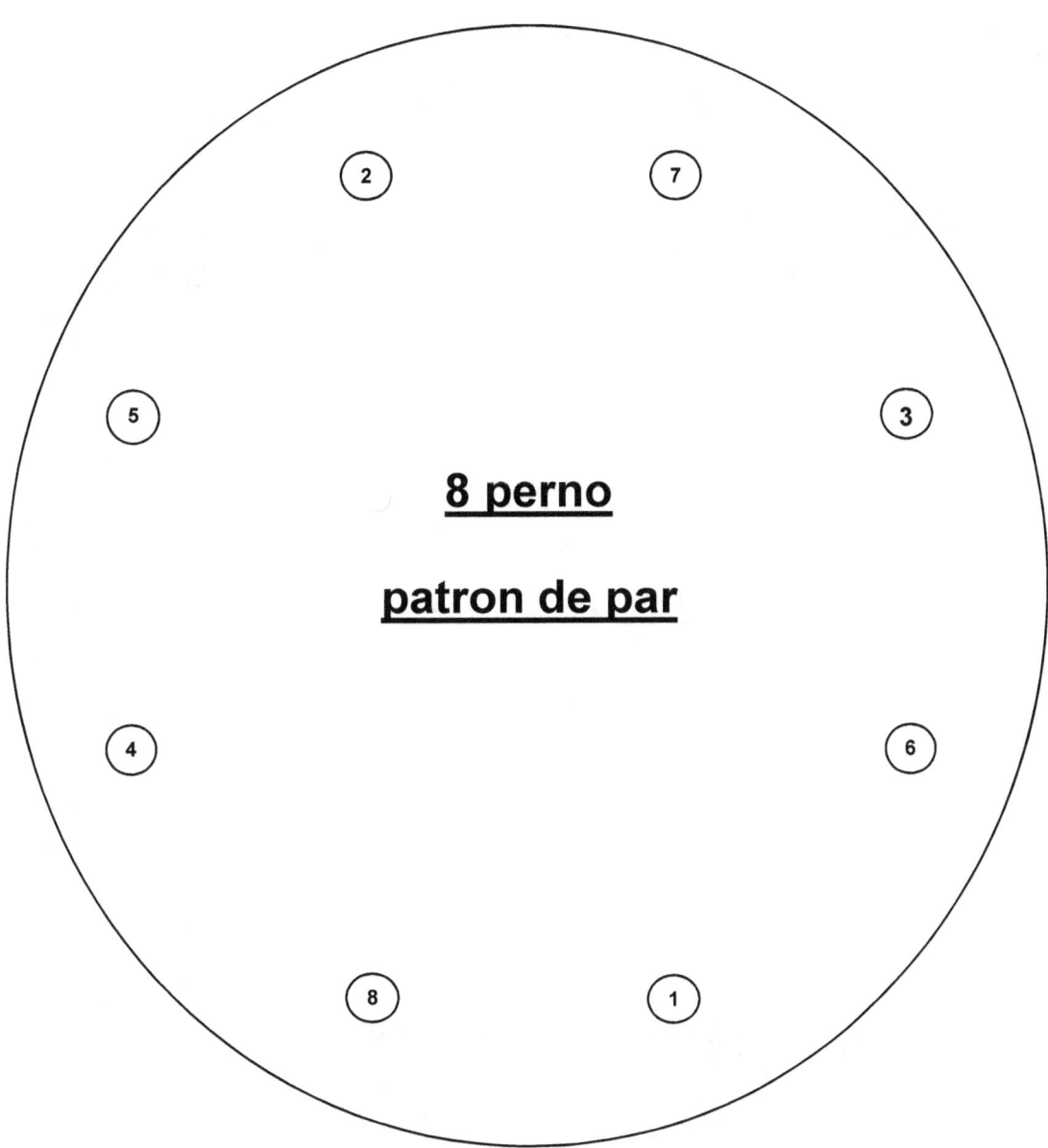

8 perno

patron de par

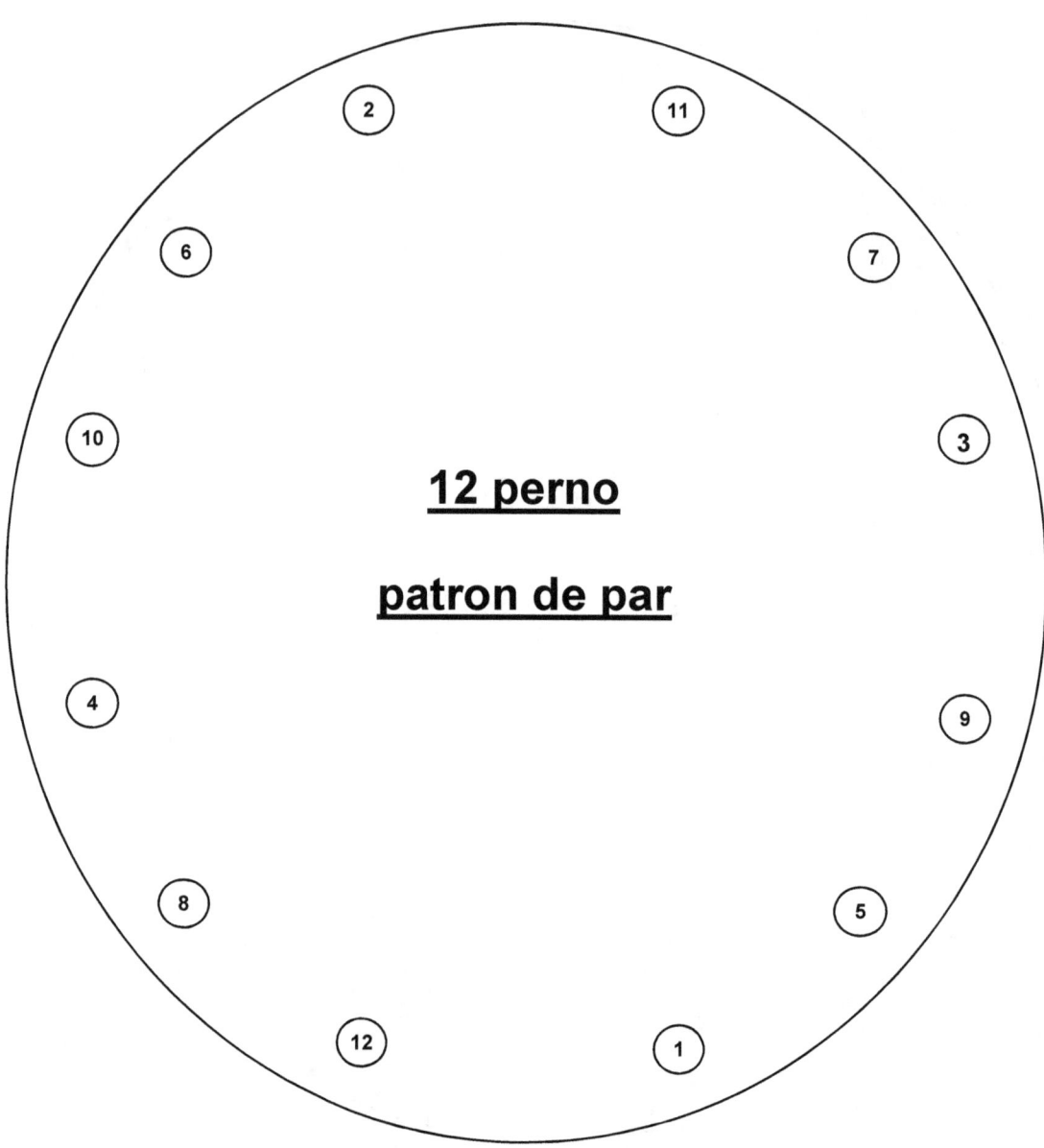

12 perno

patron de par

27

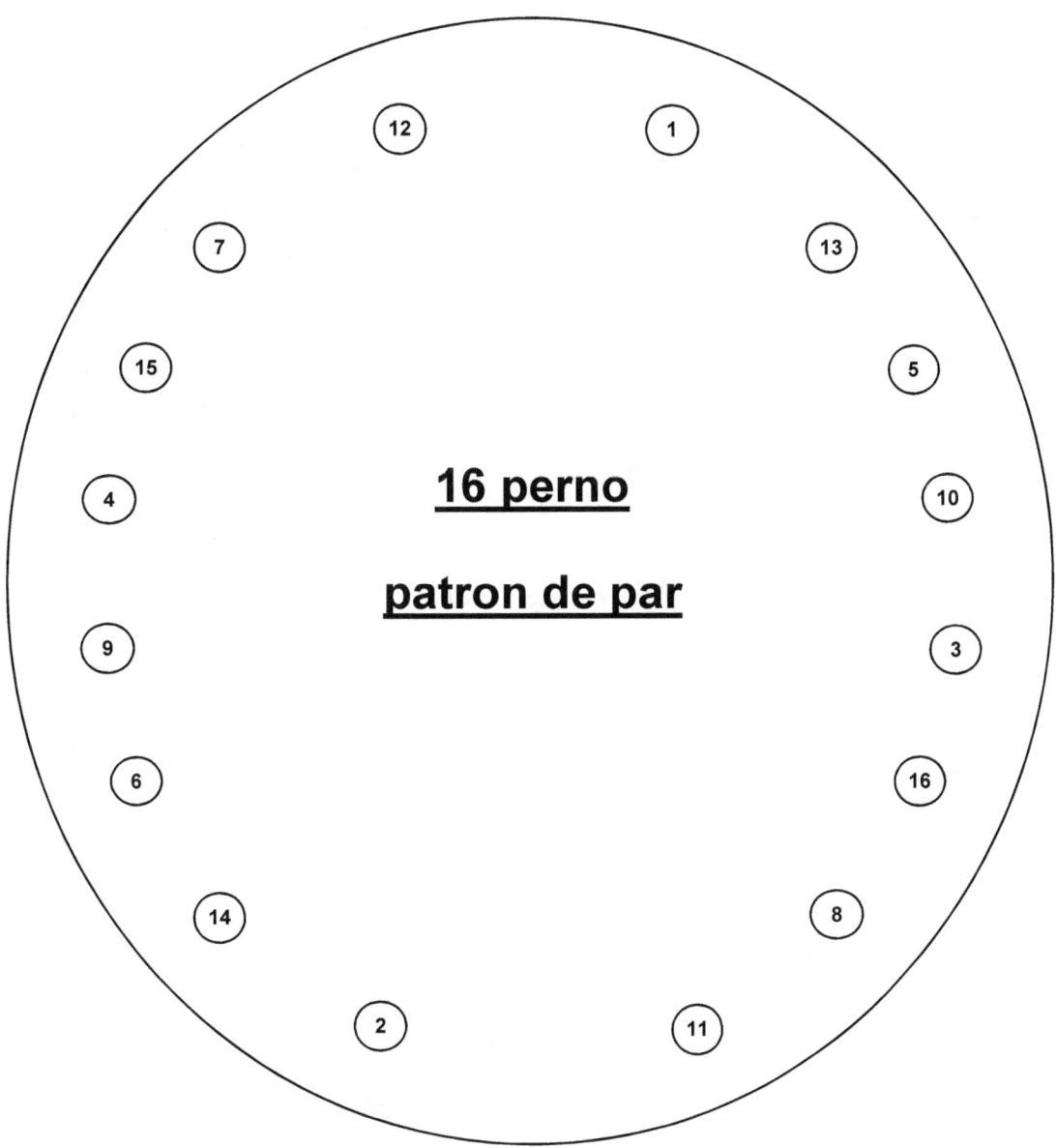

16 perno

patron de par

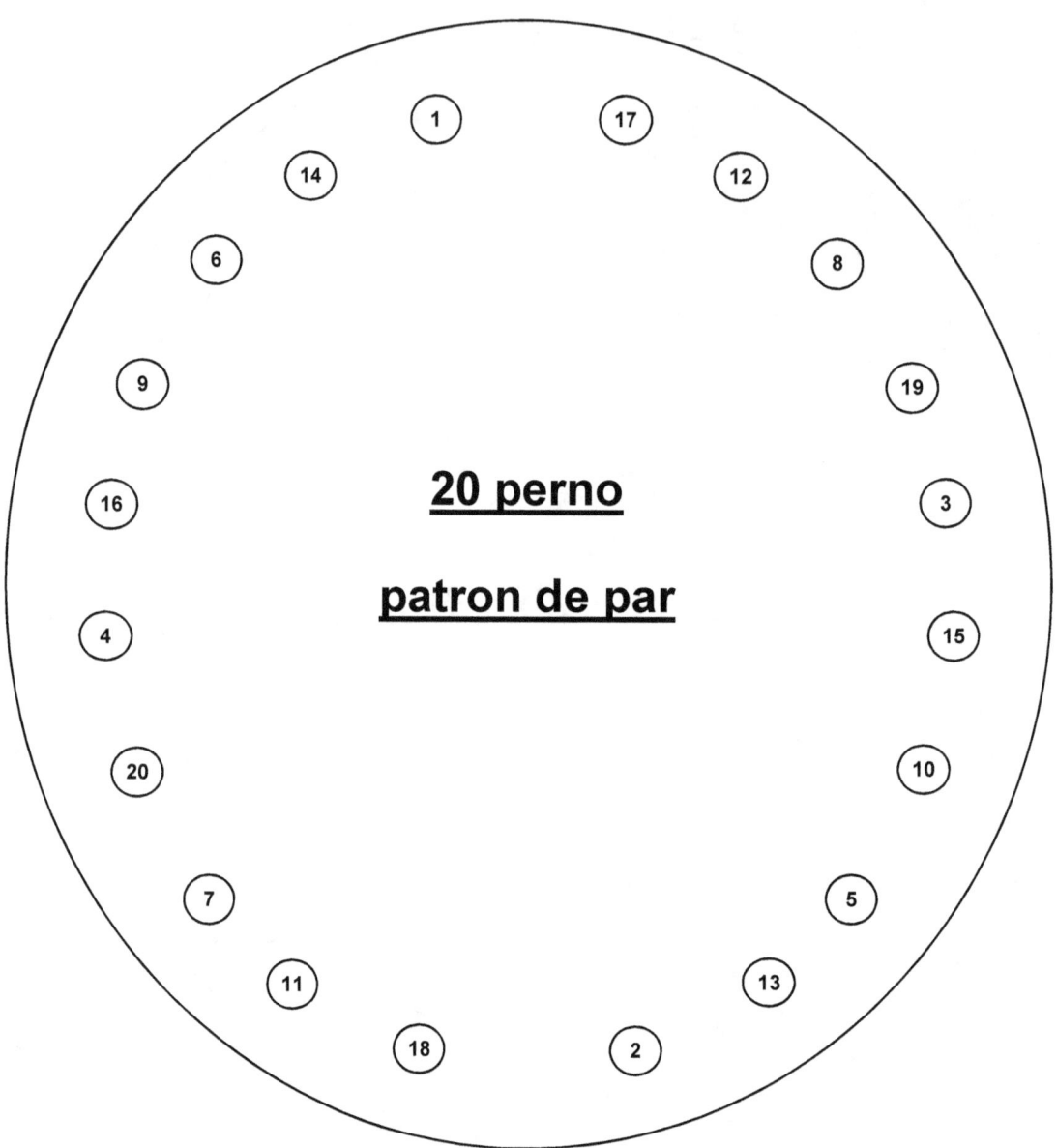

20 perno

patron de par

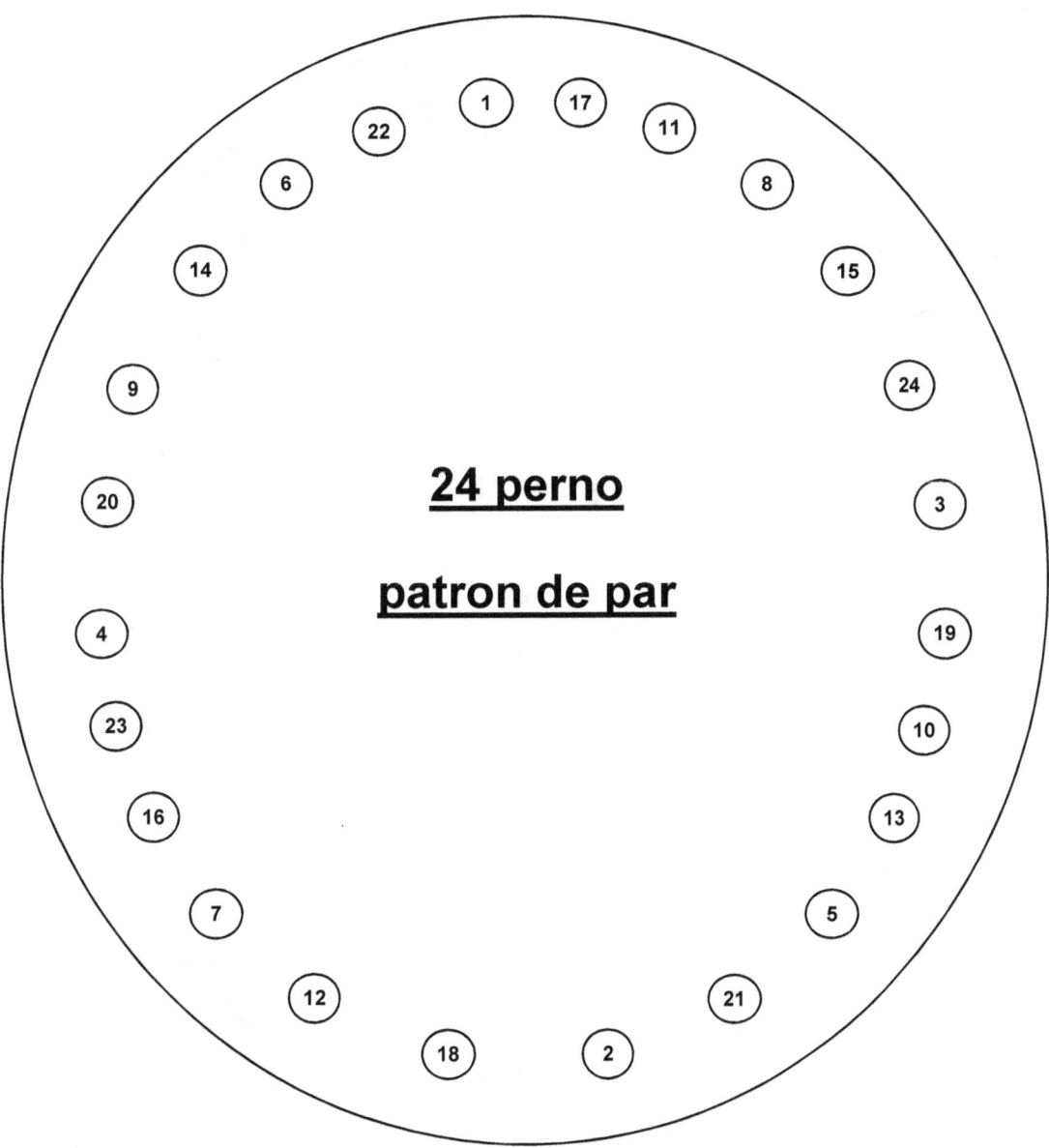

24 perno

patron de par

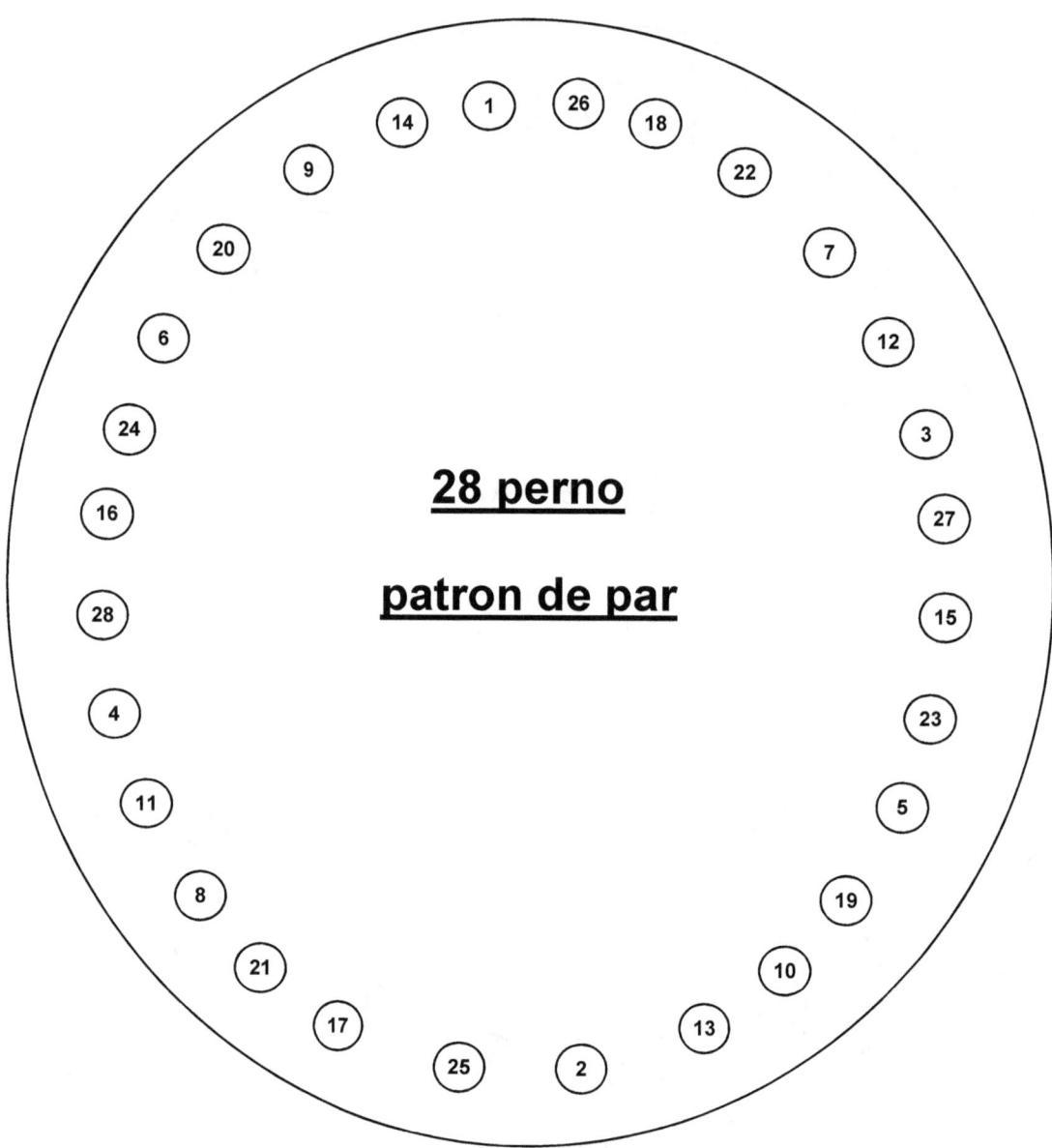

28 perno

patron de par

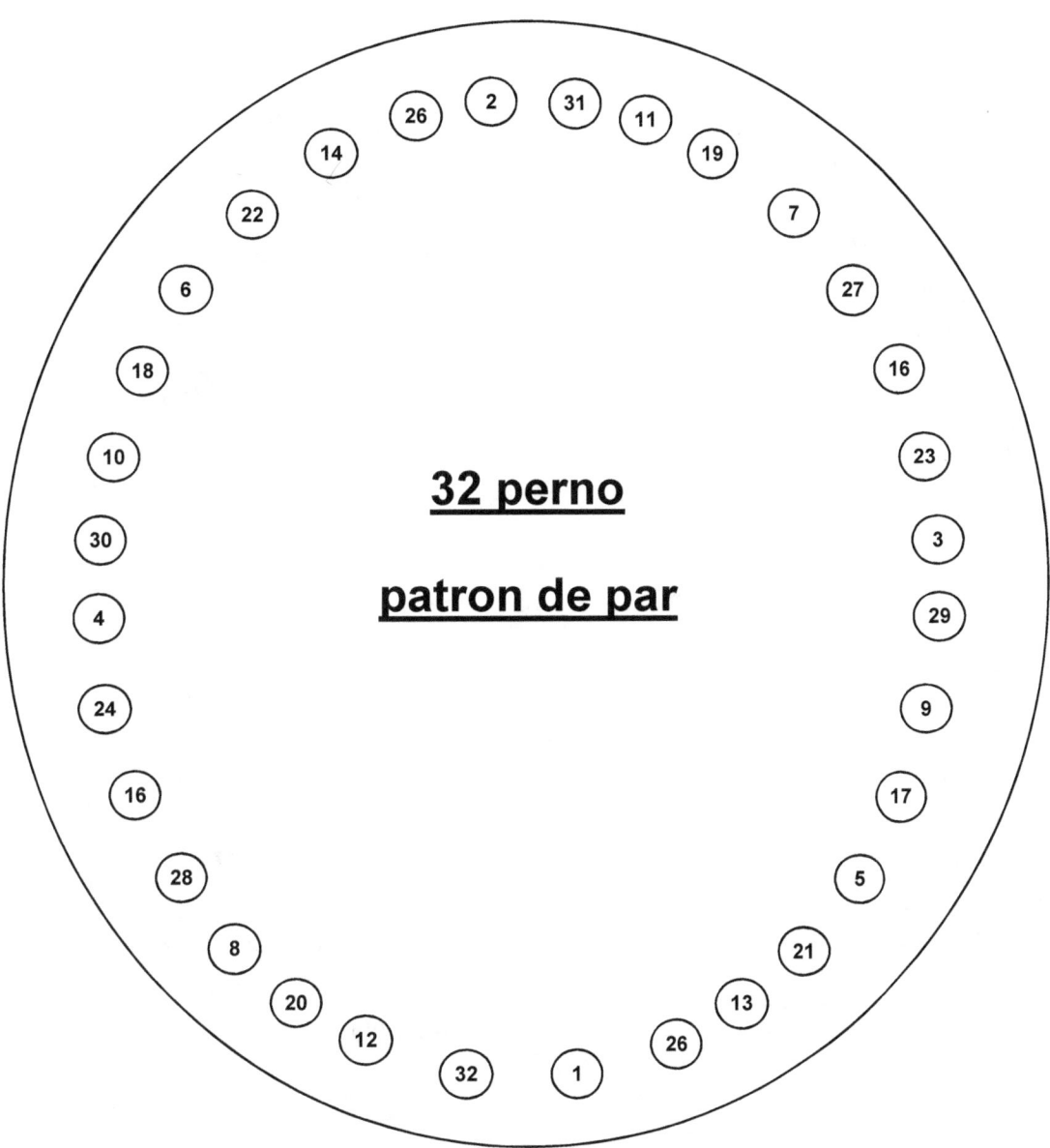

32 perno

patron de par

32

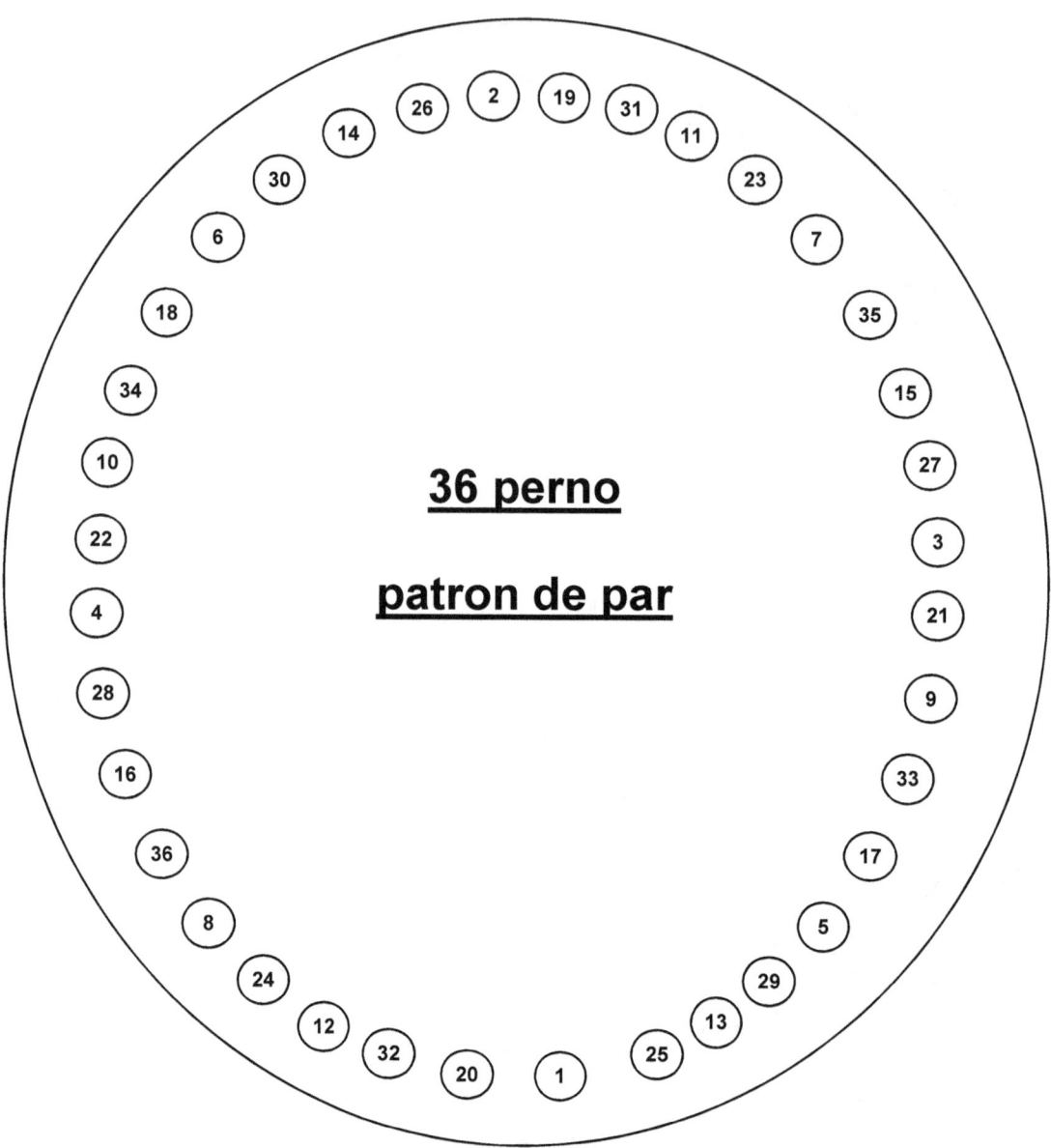

36 perno

patron de par

33

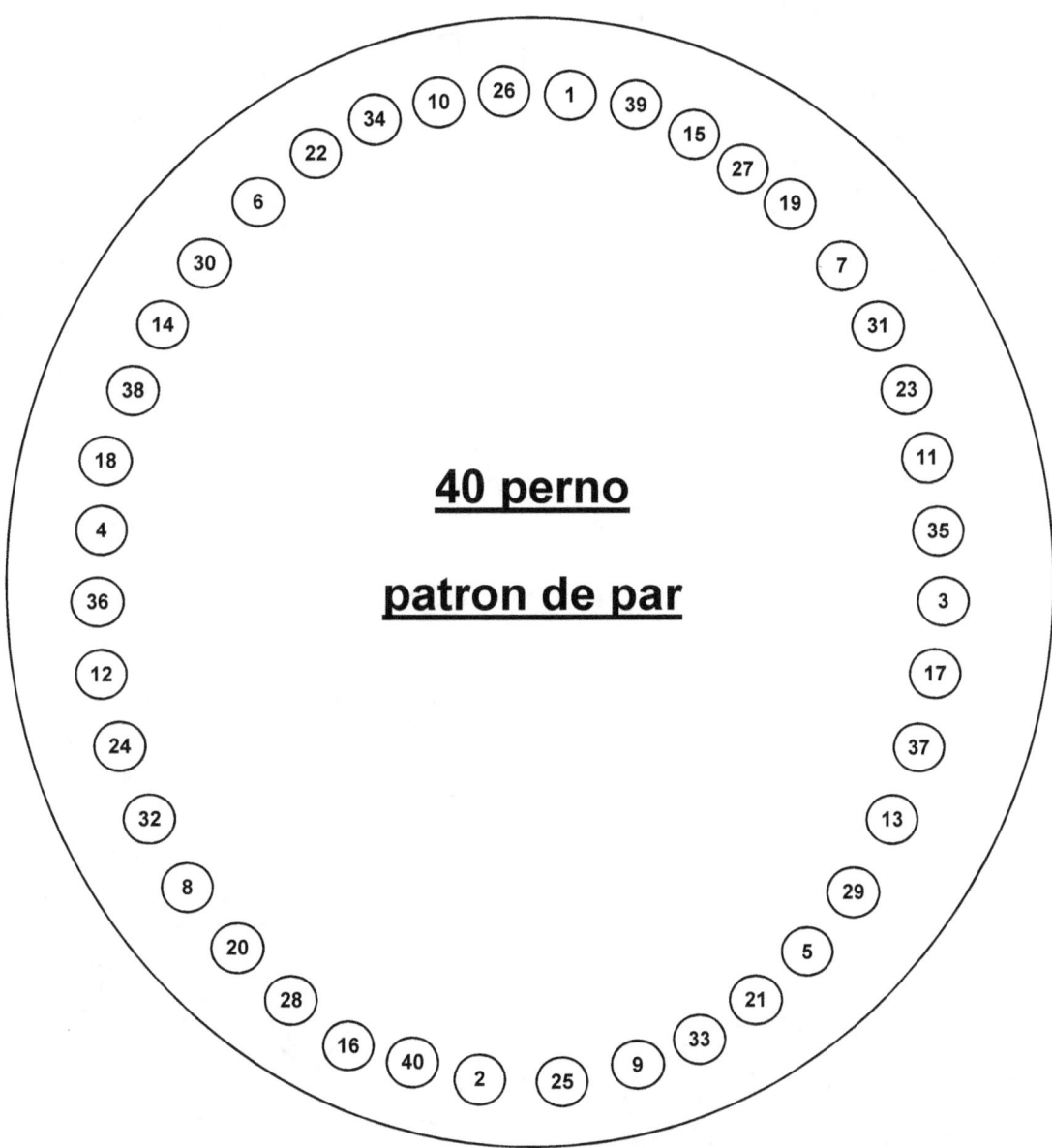

40 perno

patron de par

34

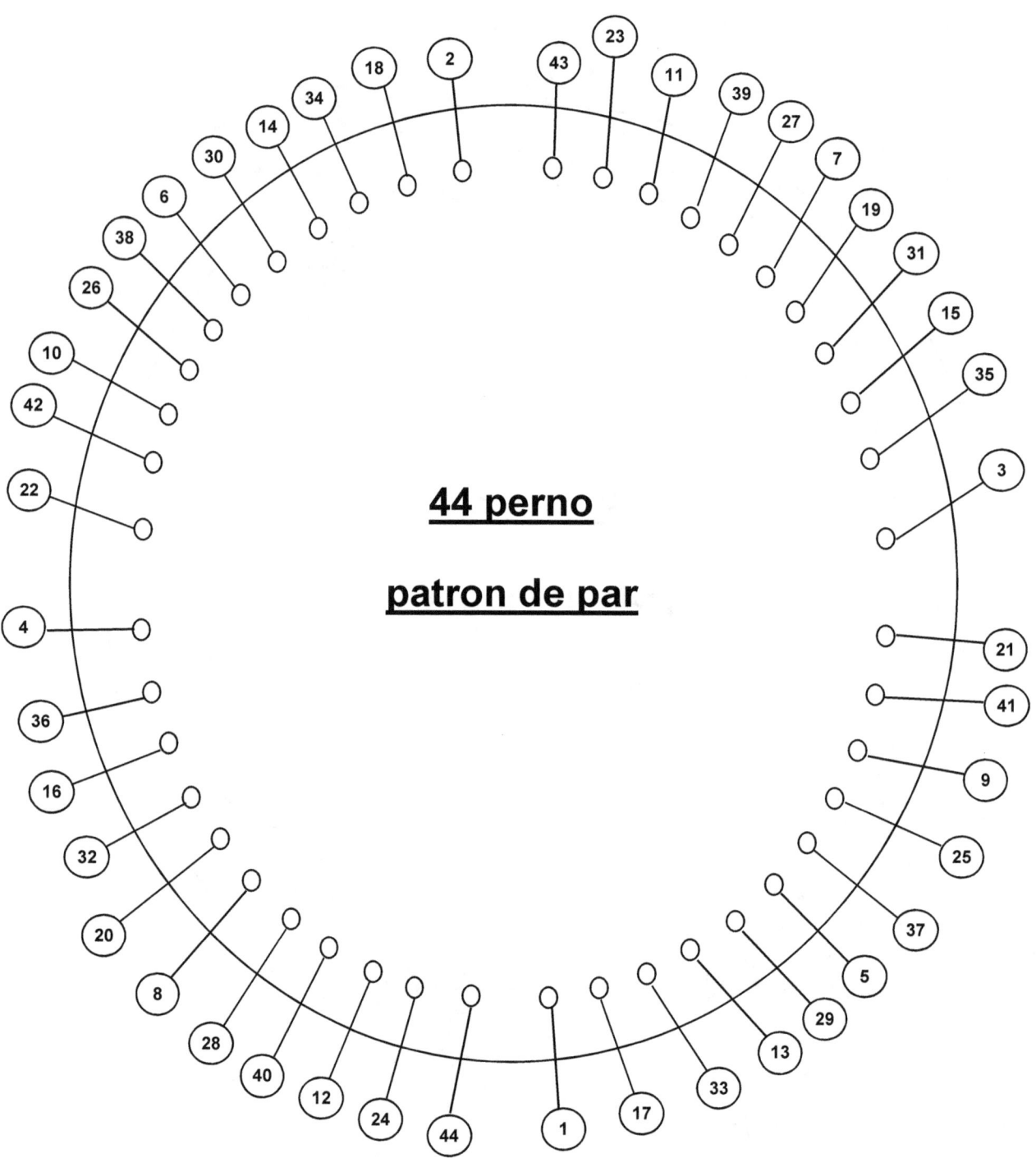

44 perno

patron de par

35

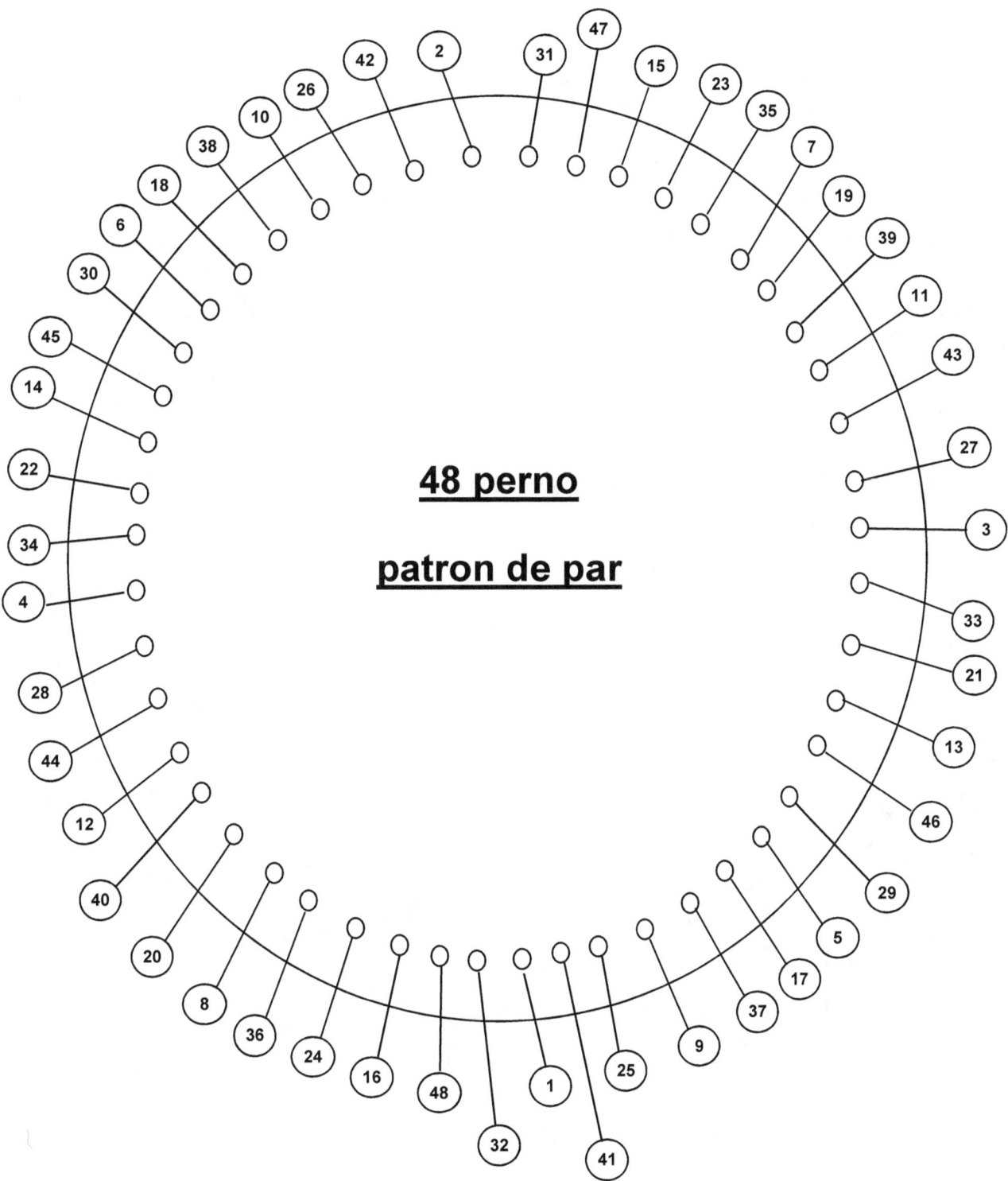

48 perno

patron de par

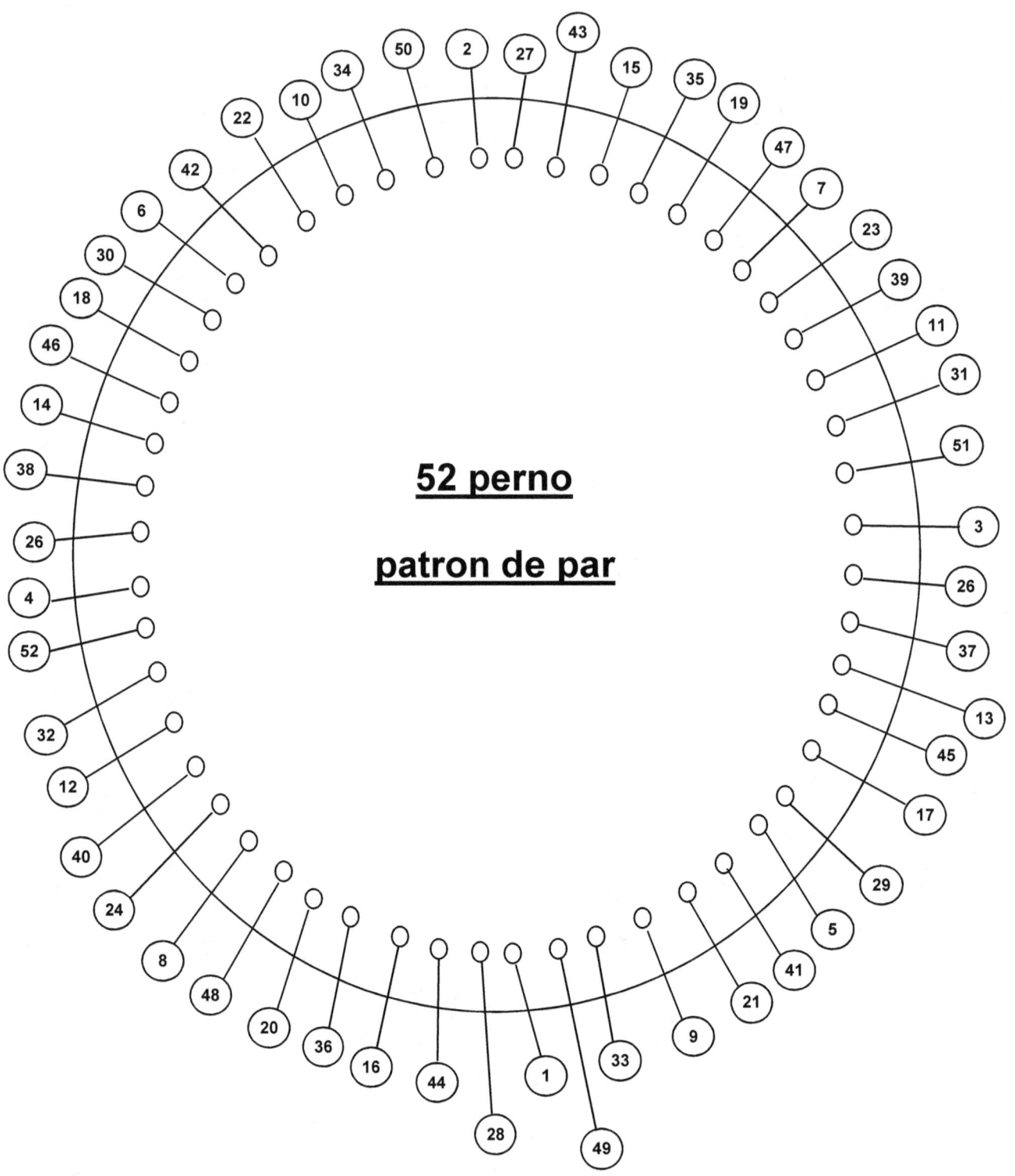

52 perno

patron de par

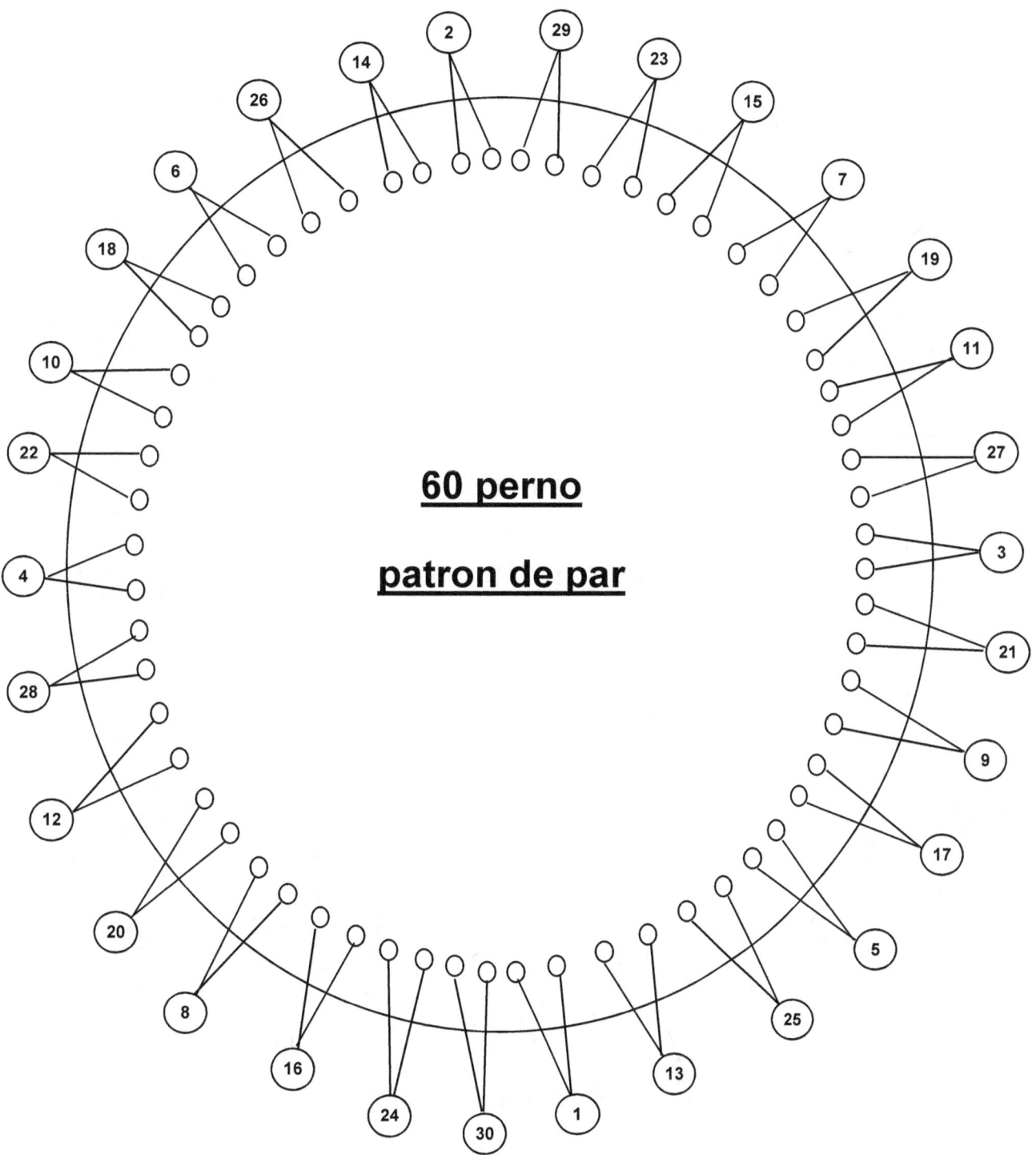

60 perno

patron de par

38

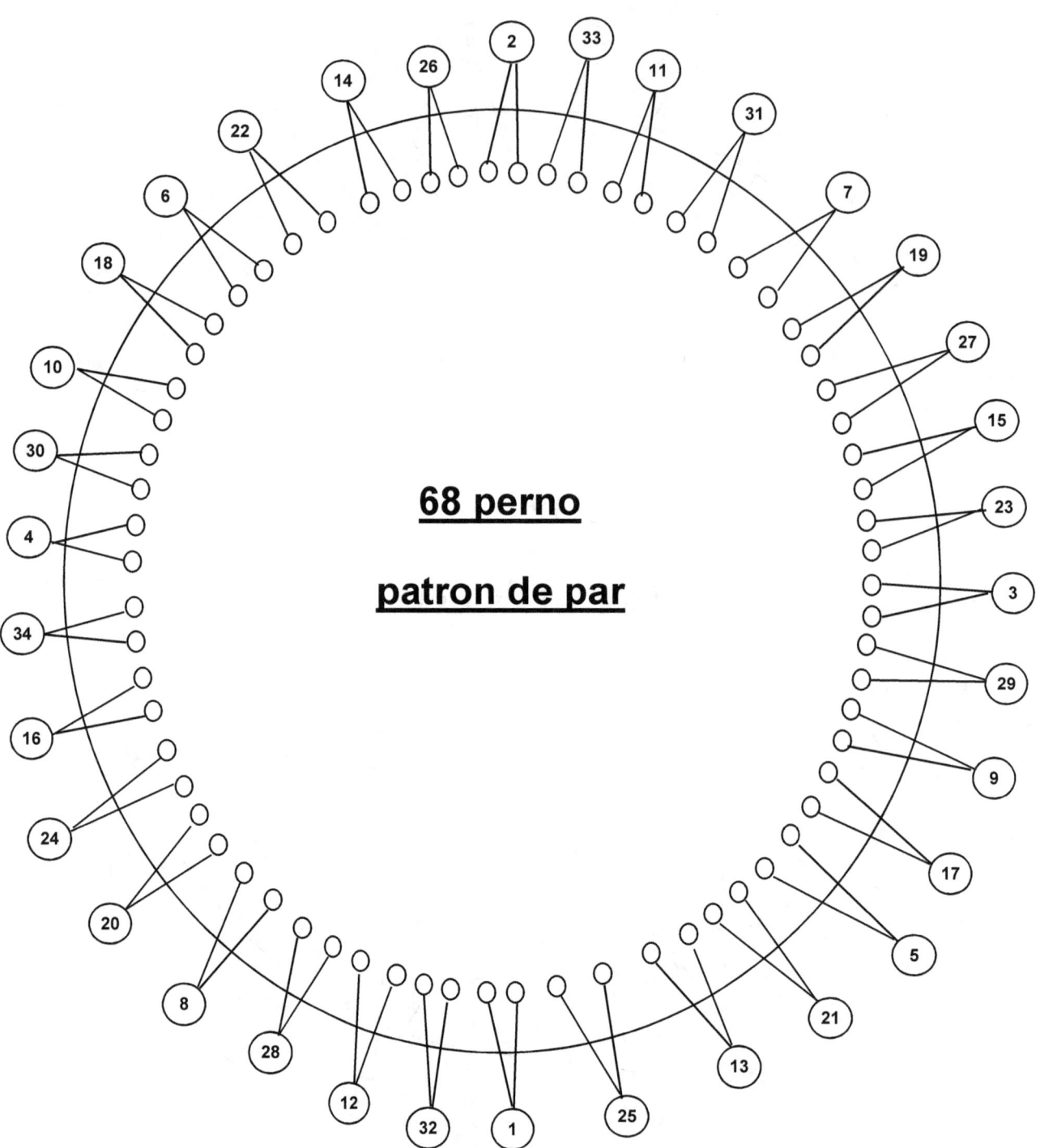

68 perno

patron de par

39

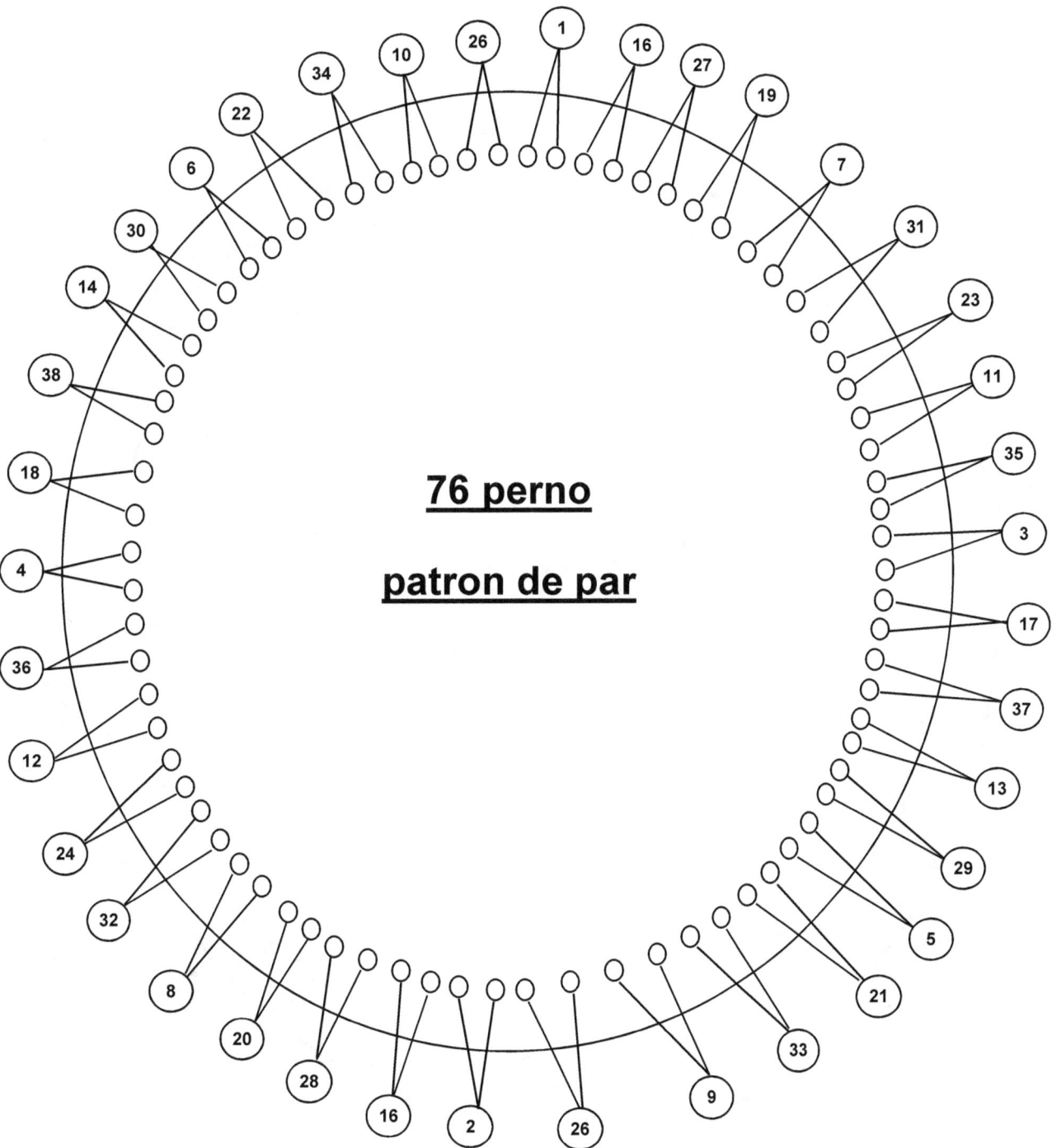

76 perno

patron de par

40

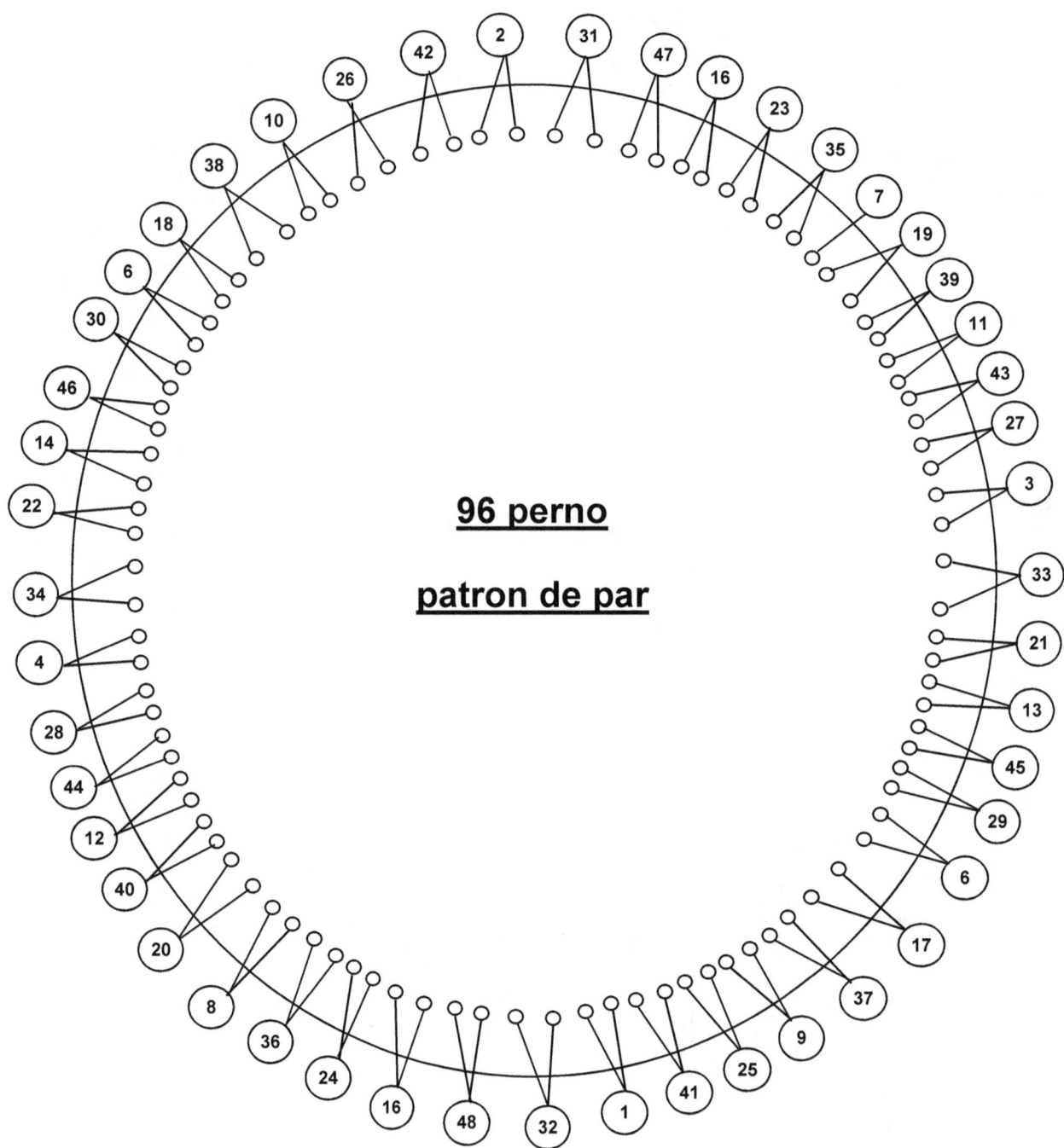

96 perno

patron de par

41

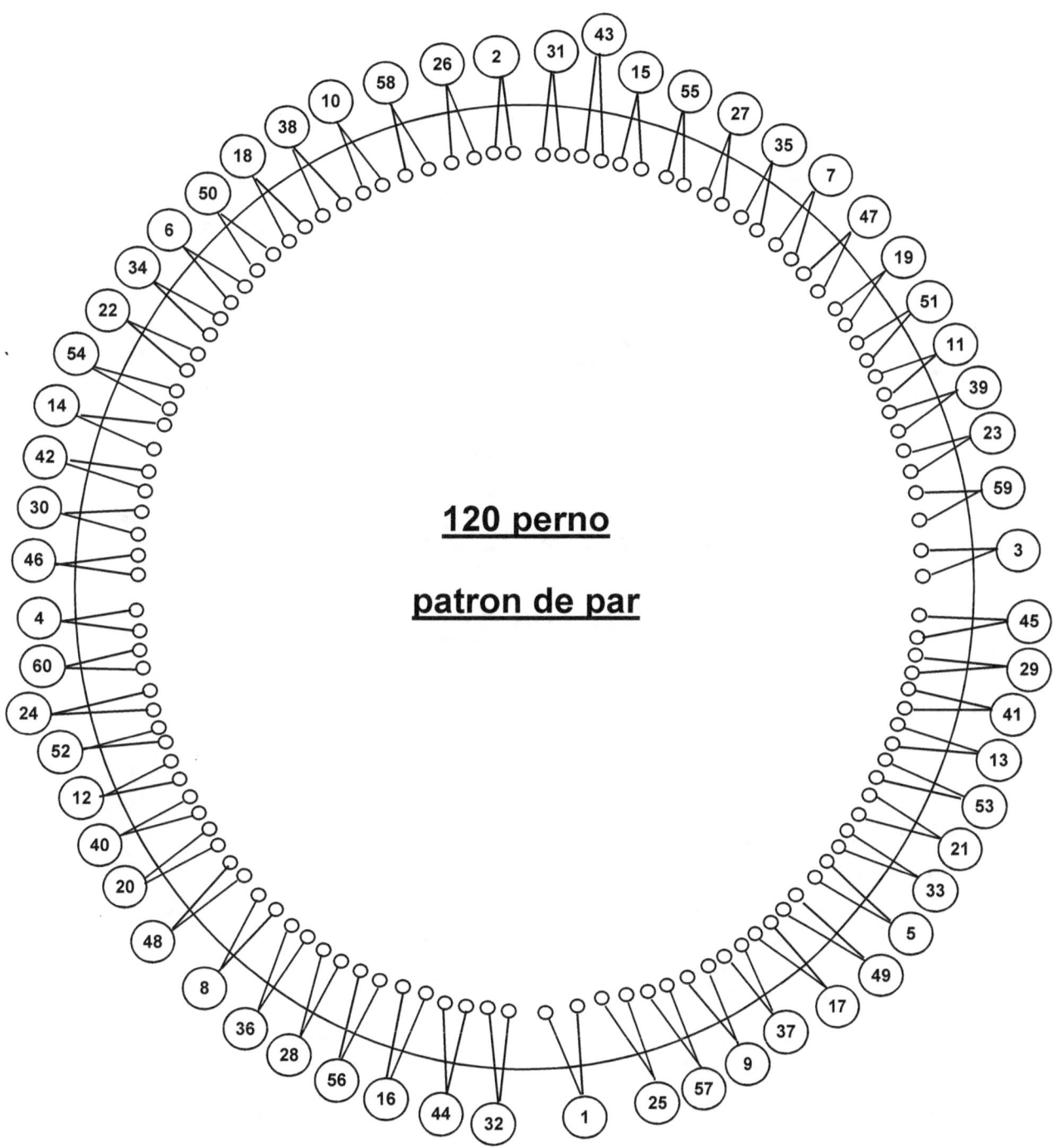

120 perno

patron de par

42

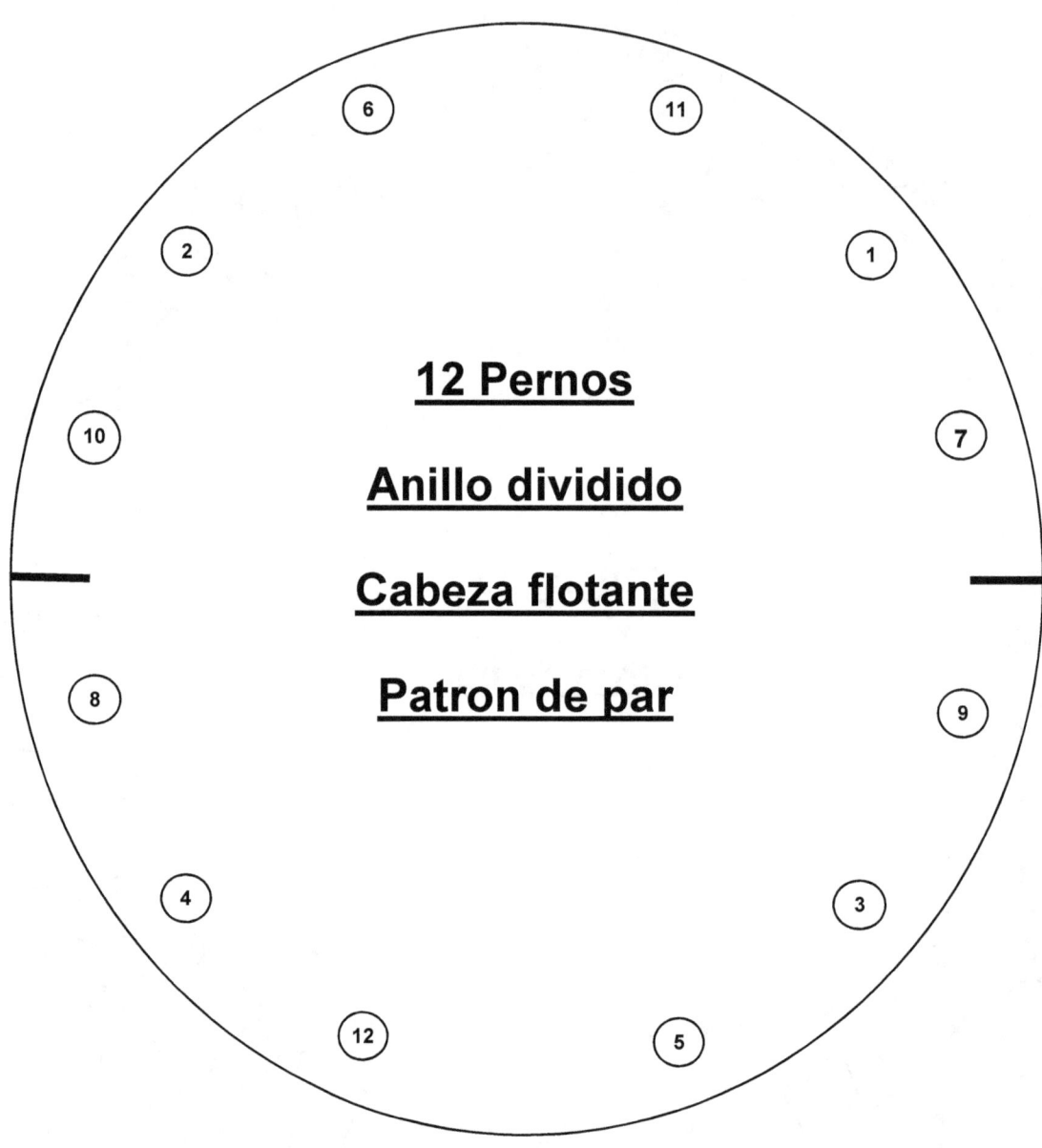

12 Pernos

Anillo dividido

Cabeza flotante

Patron de par

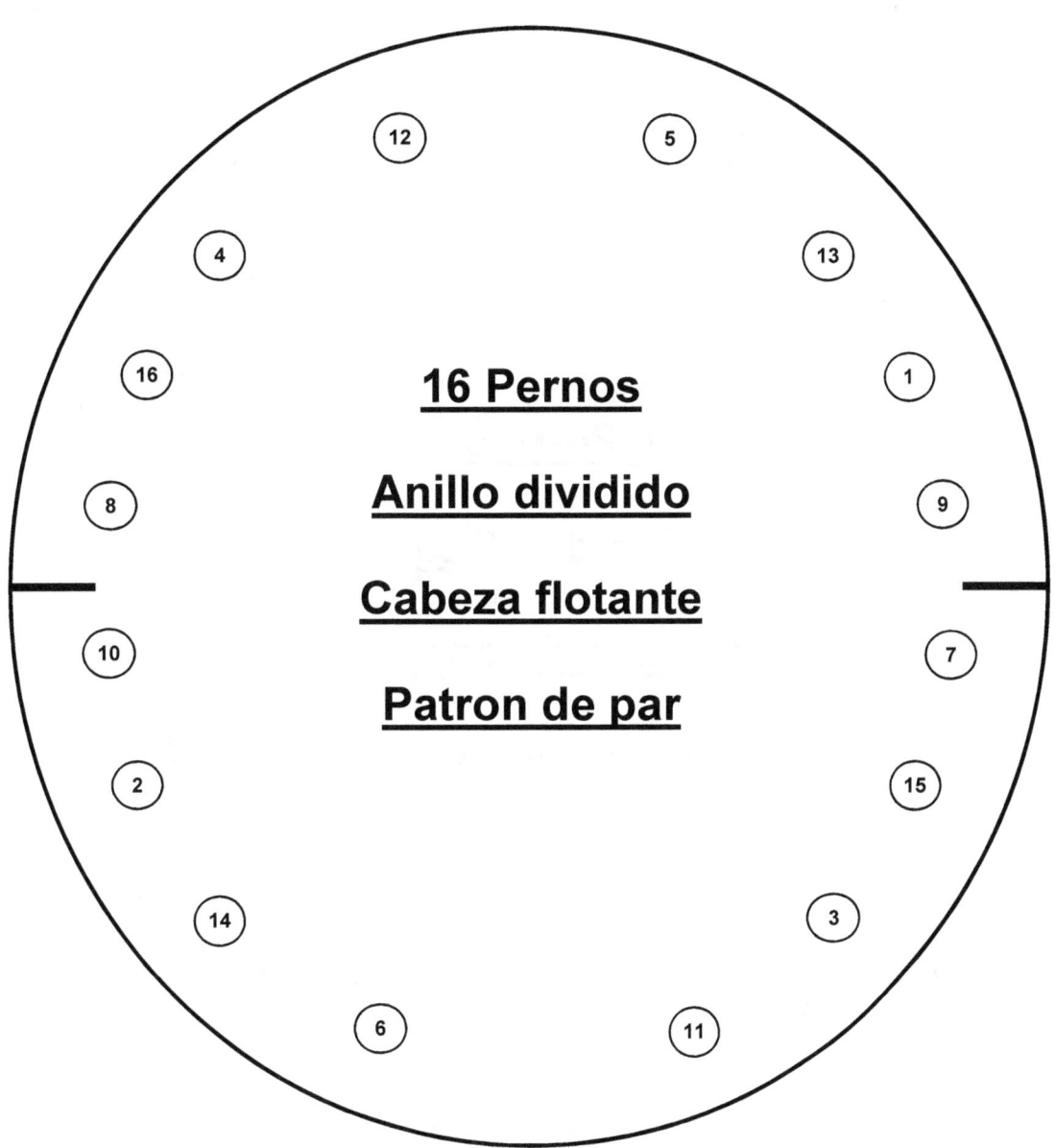

16 Pernos

Anillo dividido

Cabeza flotante

Patron de par

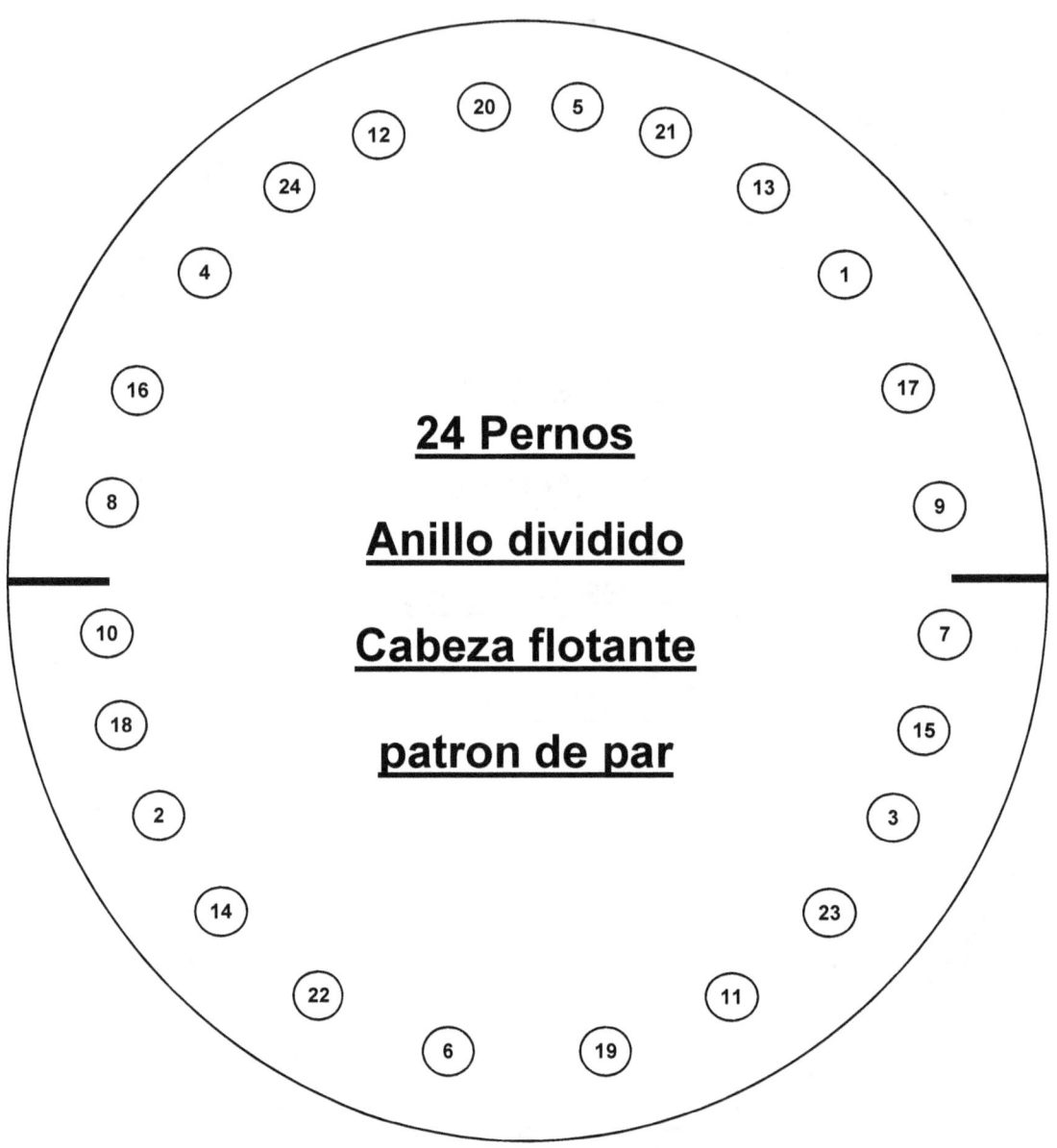

24 Pernos

Anillo dividido

Cabeza flotante

patron de par

45

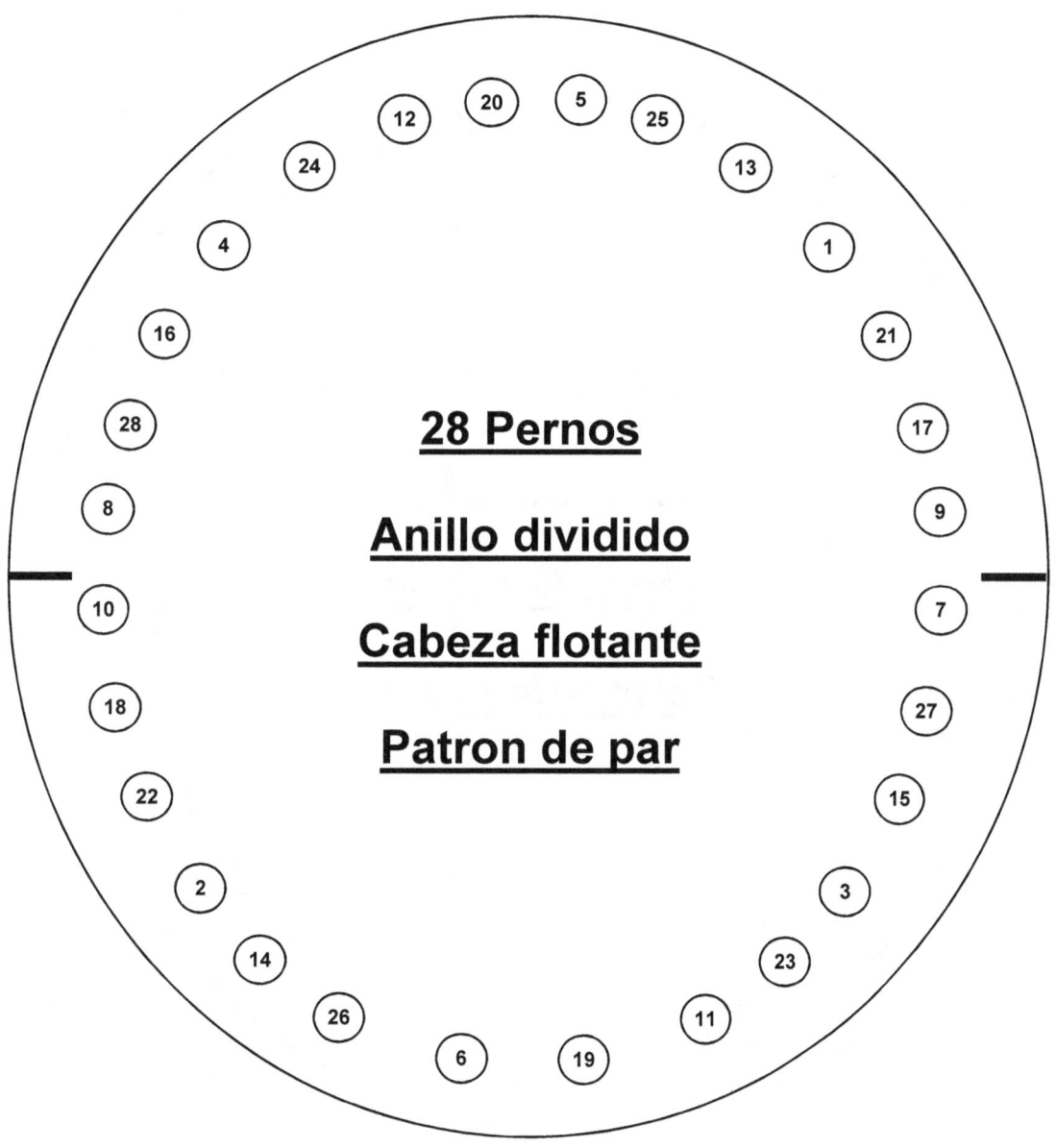

28 Pernos

Anillo dividido

Cabeza flotante

Patron de par

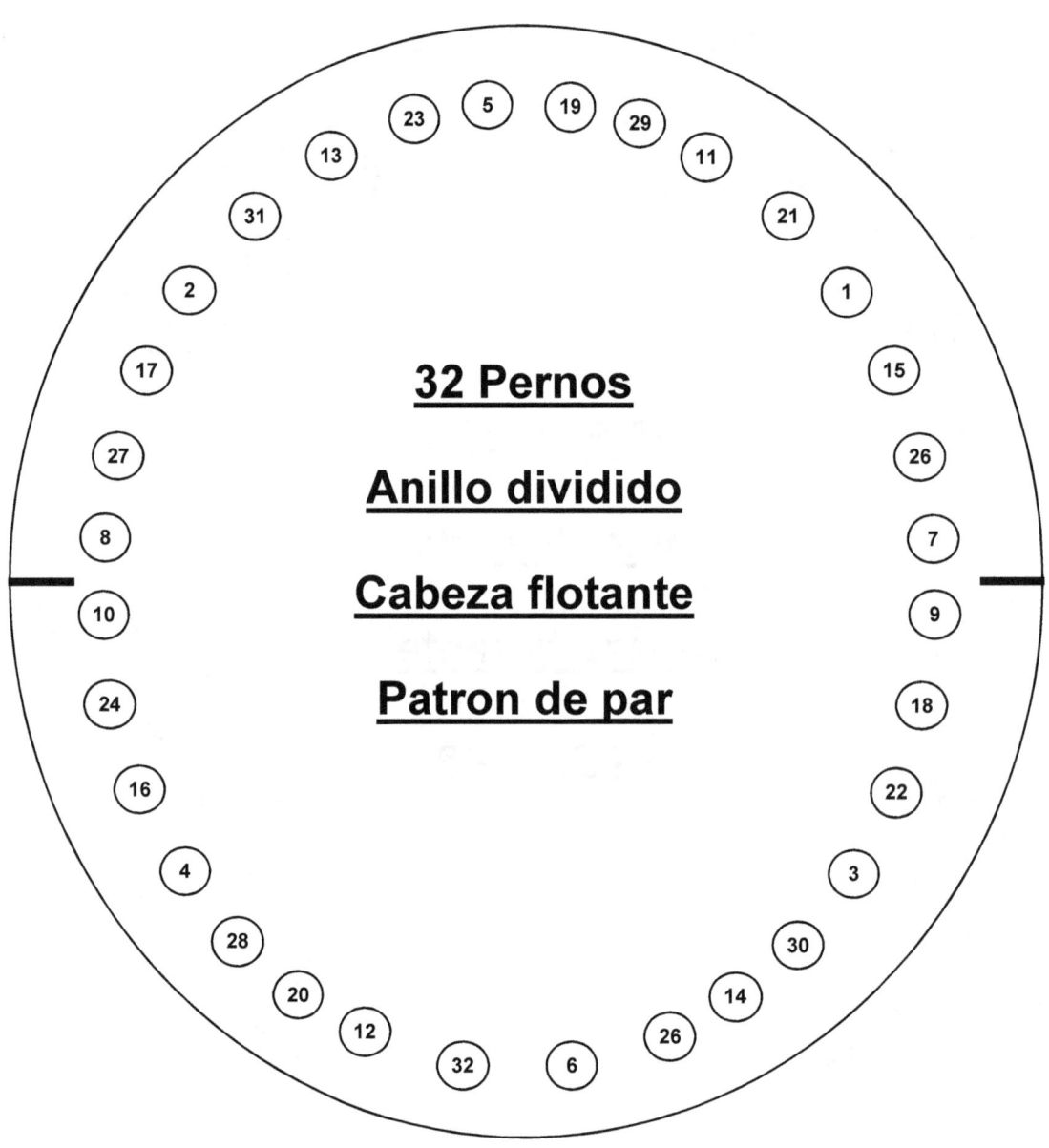

32 Pernos

Anillo dividido

Cabeza flotante

Patron de par

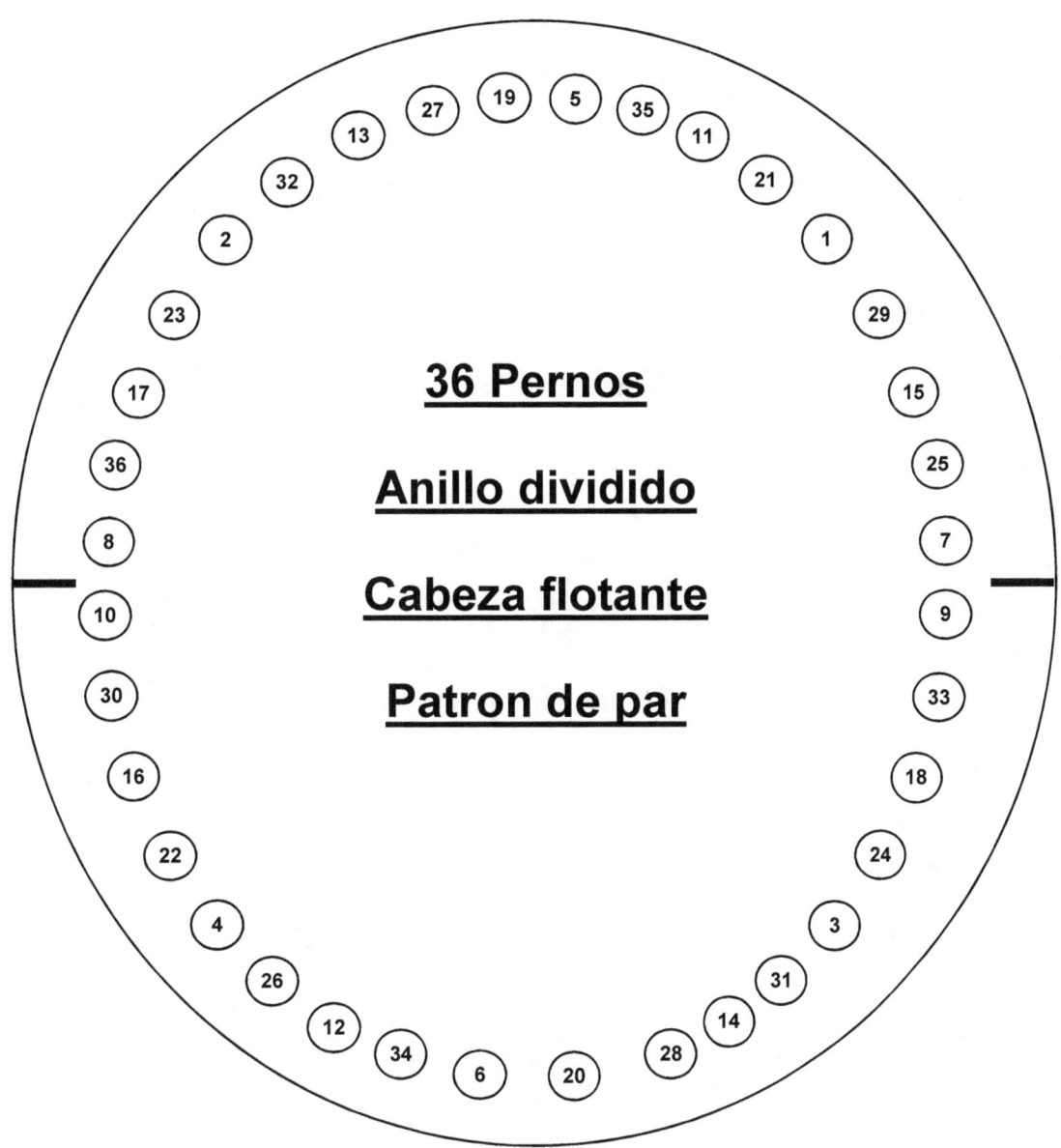

36 Pernos

Anillo dividido

Cabeza flotante

Patron de par

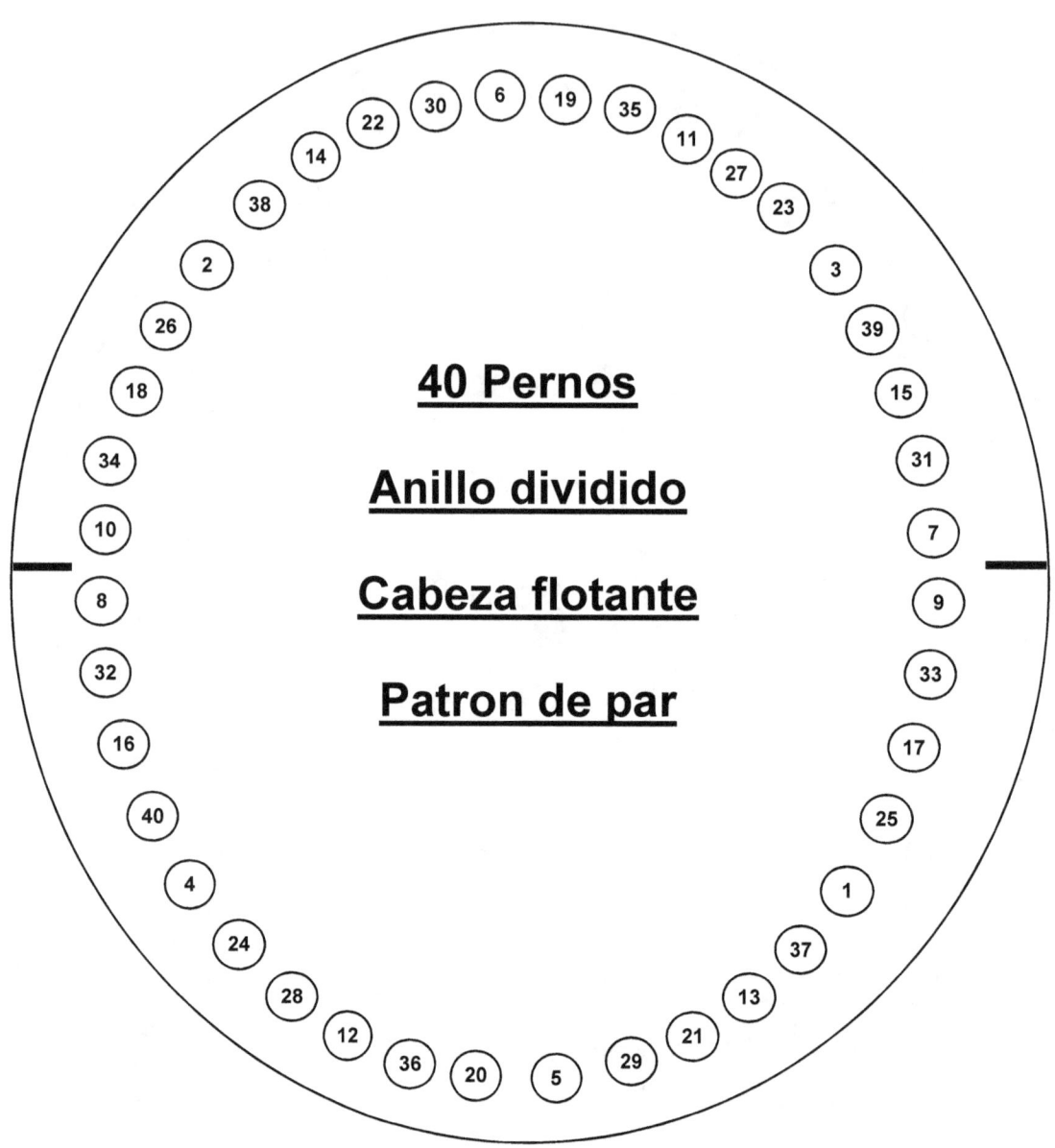

40 Pernos

Anillo dividido

Cabeza flotante

Patron de par

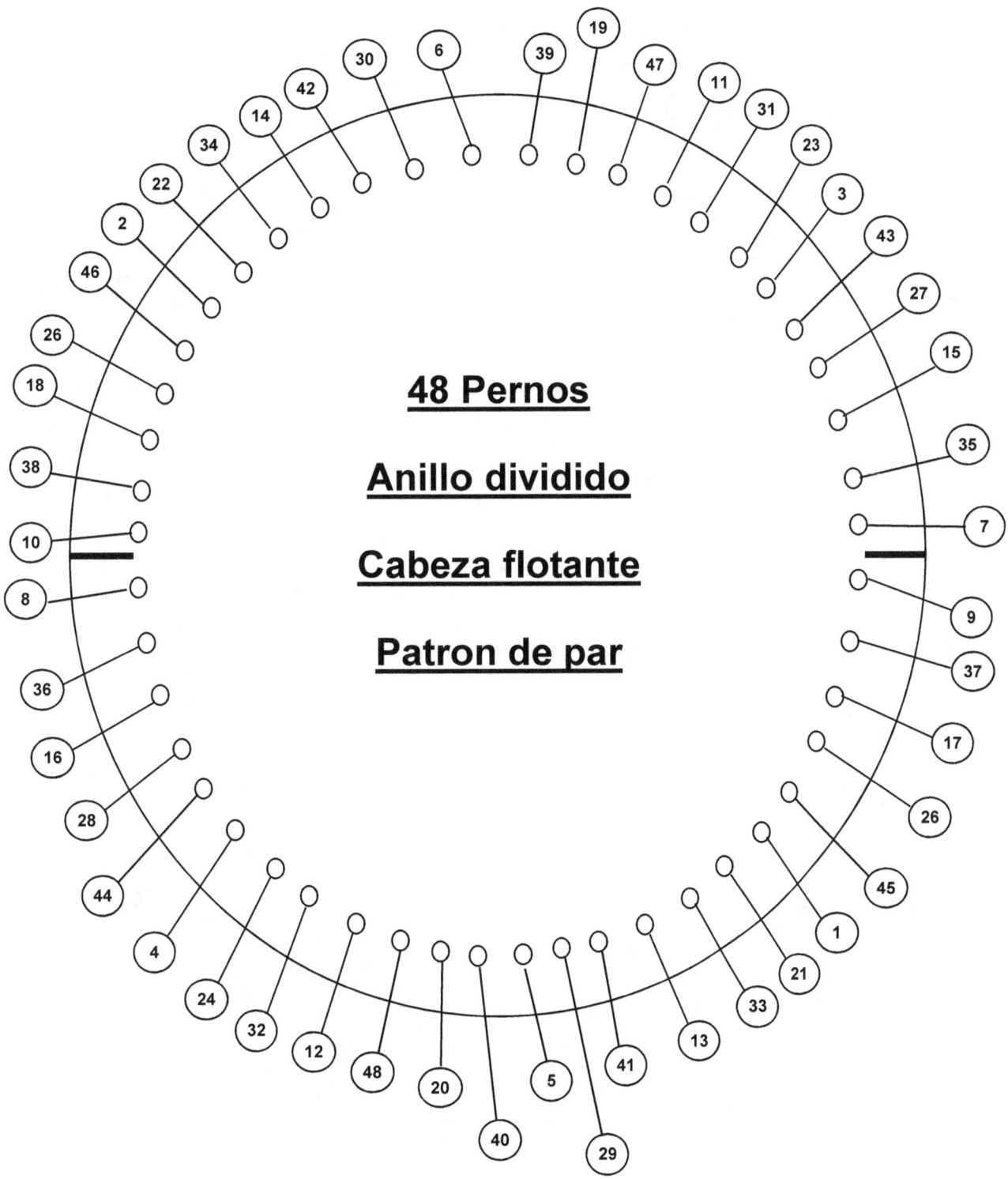

48 Pernos

Anillo dividido

Cabeza flotante

Patron de par

50

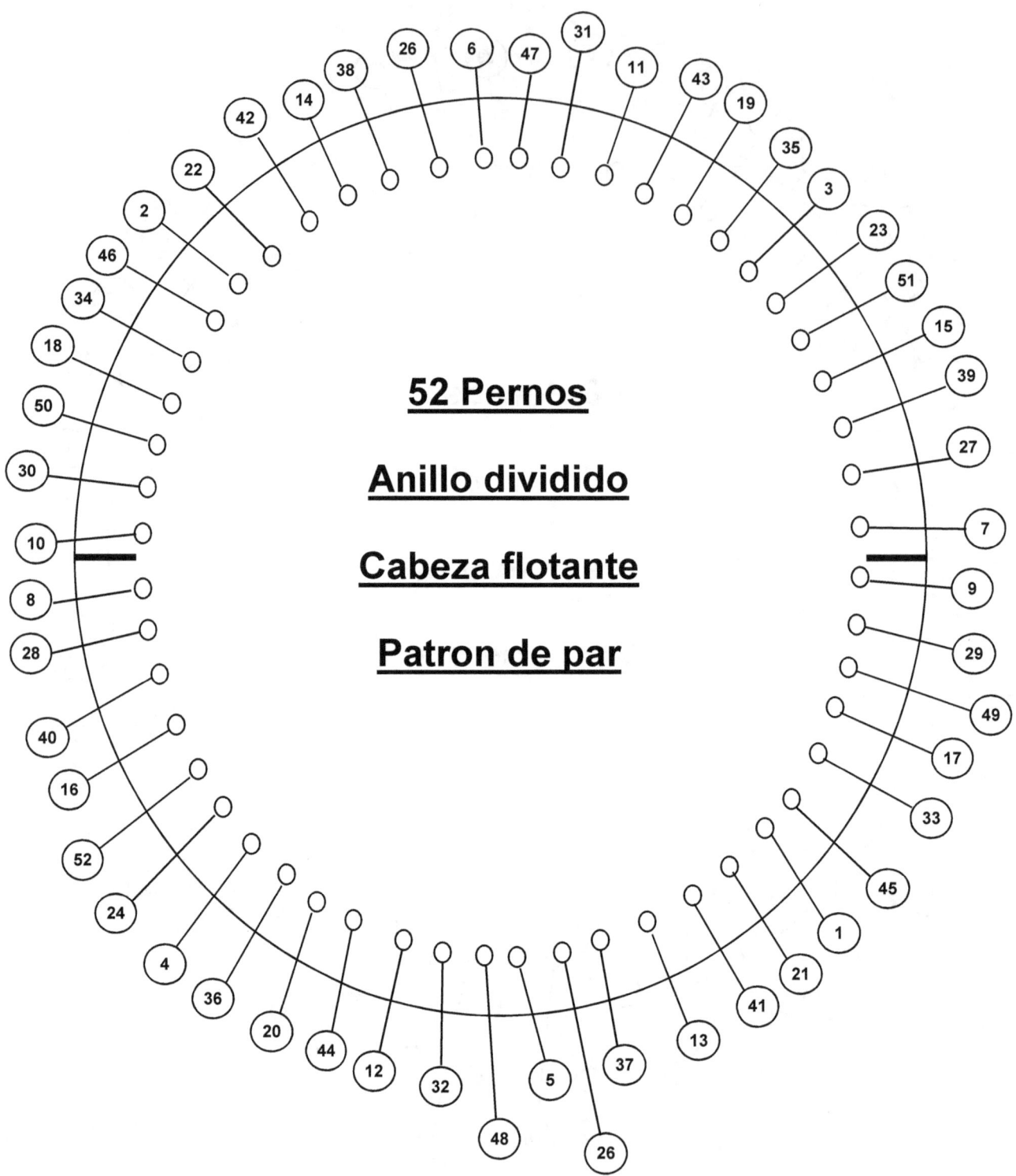

52 Pernos

Anillo dividido

Cabeza flotante

Patron de par

51

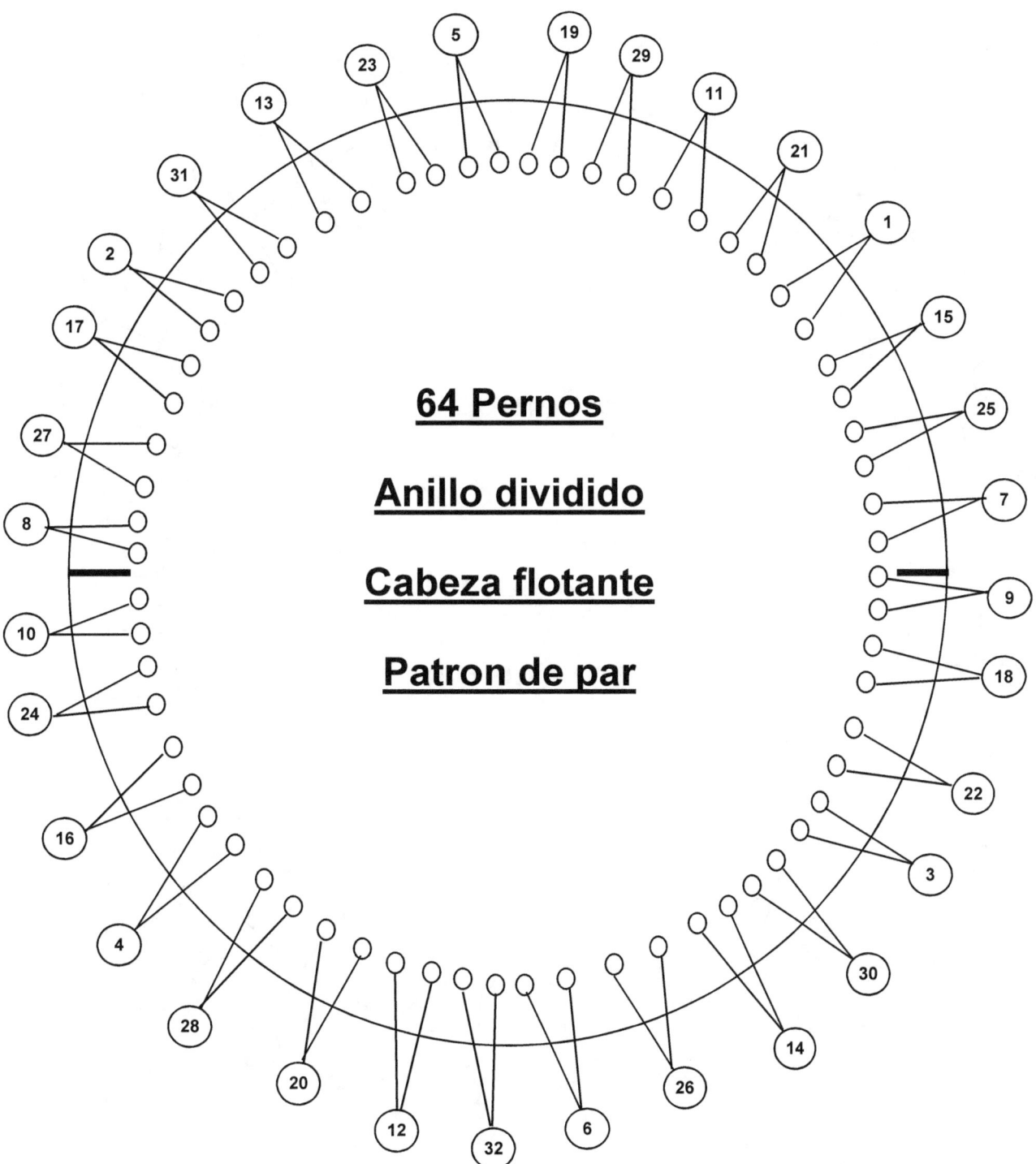

64 Pernos

Anillo dividido

Cabeza flotante

Patron de par

52

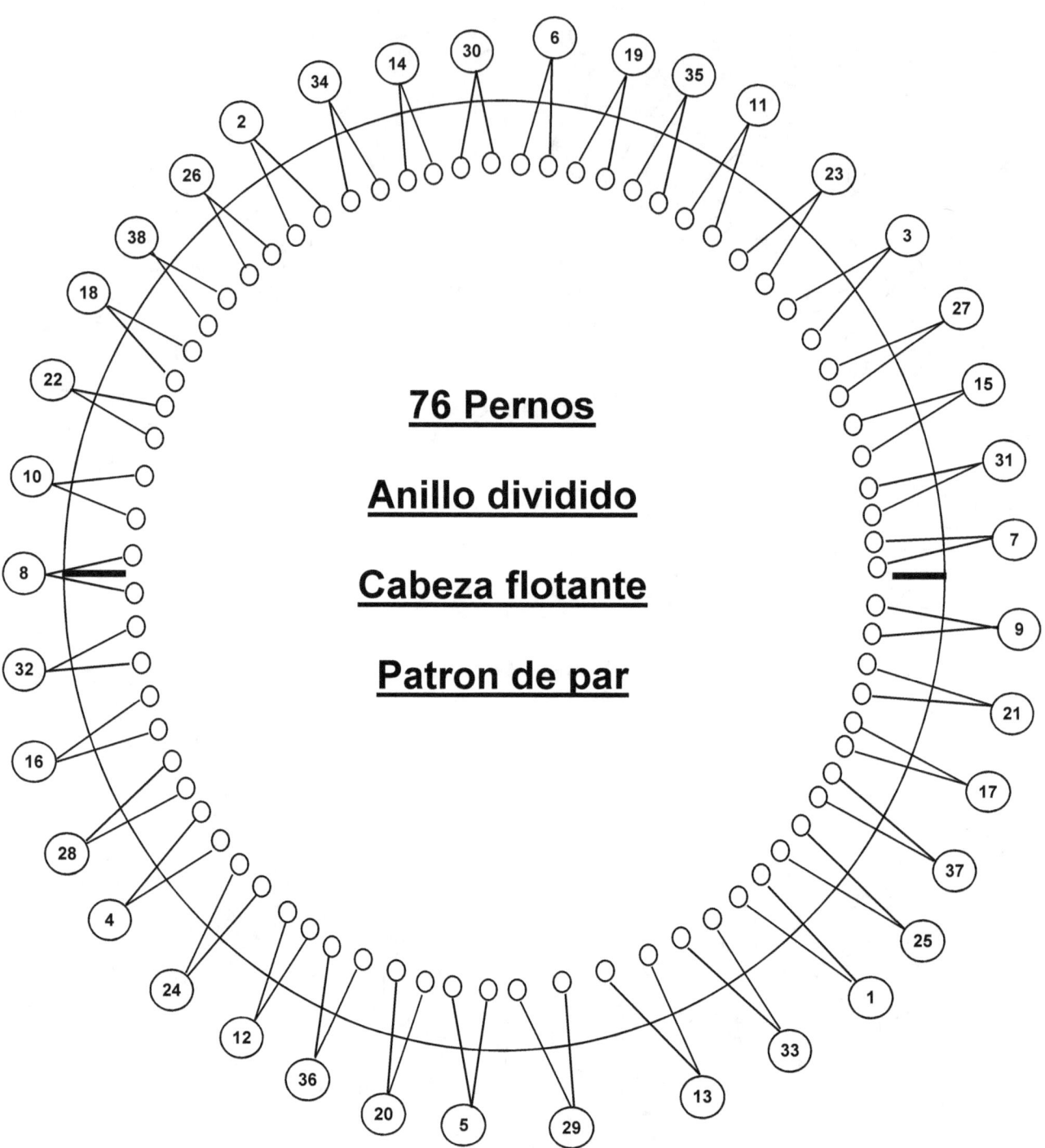

76 Pernos

Anillo dividido

Cabeza flotante

Patron de par

53

www.ingramcontent.com/pod-product-compliance
Lightning Source LLC
Chambersburg PA
CBHW080549190526

45169CB00007B/2696